纪念孙中山先生创办中山大学90周年校庆丛书
Publications to Celebrate the 90th Anniversary of the Founding of Sun Yat-sen University by Dr. Sun Yat-sen

康乐芳草

中山大学校园植物图谱

第2版

赵芷郁　主编

·广州·

版权所有 翻印必究

图书出版编目（CIP）数据

康乐芳草：中山大学校园植物图谱／赵芷郁主编．—2版．—广州：中山大学出版社，2018.5
ISBN 978-7-306-06277-2

Ⅰ．①康… Ⅱ．①赵… Ⅲ．①中山大学—植物—图谱 Ⅳ．①Q94-64

中国版本图书馆CIP数据核字（2017）第322684号

出 版 人：	王天琪
策划编辑：	曹丽云
责任编辑：	曹丽云
书名题写：	束文圣
封面设计：	林绵华　周凯文
装帧设计：	林绵华
责任校对：	邓子华
责任技编：	何雅涛
出版发行：	中山大学出版社
电　　话：	编辑部 020-84111996，84113349，84111997，84110779
	发行部 020-84111998，84111981，84111160
地　　址：	广州市新港西路135号
邮　　编：	510275　　传　真：020-84036565
网　　址：	http://www.zsup.com.cn　E-mail:zdcbs@mail.sysu.edu.cn
印 刷 者：	佛山市浩文彩色印刷有限公司
规　　格：	880mm×1230mm　1/32　9.625印张　210千字
版次印次：	2014年10月第1版　2018年5月第2版　2023年3月第4次印刷
定　　价：	36.00元

如发现本书因印装质量影响阅读，请与出版社发行部联系调换。

纪念孙中山先生创办中山大学 90 周年校庆丛书编委会

总策划：李 萍　陈春声　黎孟枫

主　任：梁庆寅

成　员：李 萍　李宝健　陈汝筑　梁庆寅
　　　　黄天骥　邱 捷　程焕文　丘国新

玉在山而草木润
——《康乐芳草》(第1版)序

陈春声

中山大学生命科学大学院数十位本科同学,历时近两年,奔波往返广州、珠海两地,拍摄了校园227种代表性植物的照片,附上专业的说明文字,引录了诸多前辈先哲的名篇佳作,编成《康乐芳草——中山大学校园植物图谱》一书,作为中山大学校庆90周年献给学校的礼物,邀我作序。适逢国庆长假,仔细翻阅这本图文并茂,兼具学术理性与人文情怀的册子,看着校园里熟悉的草木花果的图谱,感触良深,自然而然地联想到《荀子·劝学篇》"玉在山而草木润"的说法,觉得以这一名句作为序言的标题,是很合适的。

许多年以前,有关部门评选"花园式单位",中大校园毫无悬念地入选,当时我还是一名"青年教师",出入康乐园南校门,每次看到高挂在门柱上"花园式单位"的牌子,总觉得有点不太对劲,隐隐约约感到,将中山大学校园类比为"花园",不太像是褒奖,反而似乎是有点贬抑。中山大学每个校区都是茂林修竹,草木葱茏,康乐园更被誉为国内最优美雅致的大学校园之一,但与一般的花园不同,我们的校园是诸多为近现代中国学术做出奠基性贡献的前辈学者居停过化之区,是许许多多以其思想成就增长了人类知识、改变了人类生活的大家名士授业解惑之所,更是无数聪慧好学的年轻人问道求学之地,这里的草木伴着知识的播种而萌芽,随着学术的进步而结果,这里的自然万物寄托过一代代学者哲人的思想与情愫,与成千上万莘莘学子共同成长。所以说,大学的校园非同一般意义上的花园。

《康乐芳草》的编者们是深谙其中道理的,同学们不但为每一种植物拍摄很专业的图片,配上严谨科学的说明文字,而且选辑了自《诗经》以降,历代文人咏唱自然造化的数十段诗文名篇,包括许多师长、学长对校园风物的吟诵与感怀。颇感意外的是,业师汤明檖教授的《竹枝词杂咏》也被同学们注意到了:"古木参天曲径幽,红楼碧瓦马岗头。云山珠水绕康乐,花发虬枝岁月遒"。我是1982年春天开始跟随汤老师学习明清社会经济史的,30余年之后,在假日幽静的马岗顶丛林再次诵读老师的诗作,真的是思绪万千。只有大学中人,才能感受到校园所赋予的这类具有文化与学术传承意涵的人文情怀。当然,康乐学人们留下的,还有更多的隽永名篇。如陈寅恪先生的"美人浓艳拥红妆,岭表春回第一芳"(《咏校园杜鹃花》)和"遥夜惊心听急雨,今年真负杜鹃红"(《乙巳春夜忽闻风雨声想园中杜鹃花零落尽矣为赋一诗》)是常被追忆者引用的佳句,而冼玉清教授早年所作"高秋纷落叶,东篱色独佳。采此隐逸花,悠然豁我怀"(《采菊》),则描述了创立初期的康乐园秋色和校园之中青年学子的情怀。这就是"玉在山而草木润"的道理所在。

中山大学每个校区都有自己的故事,一草一木均积淀着一代代学子的记忆与感念。30多年前,入学之初,就听说当年岭南大学有不少教授、学生家在海外,康乐园的许多物种,是他们利用寒暑假探亲返校的机会,从美洲、澳洲和东南亚各地带回来的。据说，从海外带新的植物品种到校园种植，是老一辈岭南学者的传统之一。当年听这个故事的直接感受，是想感谢民国时代的动植物出入境查验制度，若非如此宽松，这个校园的物种多样性一定会大打折扣。近年有机会请教本校植物学专业的同事，知道康乐园里确有数十种外来植物是全国最先引种的。一代代师长勤勉敬业，培护了校园美景，培养了众多人才，也培育了宽容而富有人情味的大学文化。饮水思源，同学们能利用校园内的物种资源，编辑出这本册子，自然要感念前辈们的筚路蓝缕。

看着这些校园草木的图谱，不由得又勾起30多年前的另一段往事。1977级大学生是1978年春天入学的，入学次年适逢建国后第一个植树节，全体学生都参加了植树活动。今日南校区东门大路遮天蔽日的那两排大叶榕，就是我们这个年级种的。许宁生、李萍、朱熹平、许跃生、吴承学等等师长，1979年3月12日那个微雨的下午，应该都在康乐园里挥锄植树的学生人群之中。30多年过去，人在成长，木亦成林。我们这代人自以为多一些理想主义情怀，其实年轻时代仍免不了偶有"附庸风雅"的举动。当年校园里"文学青年"为数不少，民间也自发遴选过所谓"校园八景"，是为"紫荆迎宾""绿草如茵""画楼燕舞""惺亭夜月""马岗松涛""东湖夕望""江山一览"和"先哲风范"。将"先哲风范"列入"八景"之中，反映了那一代青年的敢想与无畏，却也折射出校园与花园的不同。"紫荆迎宾""绿草如茵"和"马岗松涛"均是以草木入景，可知康乐园植物群落的魅力感人至深。

作为一所国家重点综合性大学，学校希望同学们既在专业的学术领域有优秀的造诣，又在教养和人格发展方面有良好的养成。我们也相信，包括课外学术活动在内的实践教学，对达致这样的人才培养目标应该大有裨益。《康乐芳草——中山大学校园植物图谱》一书的编辑出版，也许可以从一个侧面印证这个道理。

是为序。

2014年国庆假期于广州康乐园马岗松涛中

第 2 版说明

《康乐芳草——中山大学校园植物图谱》（以下简称《康乐芳草》）第 2 版与第 1 版相比有较大不同，物种收录、图片、文字等方面均有修改。物种收录方面，更注重准确性，删去了第 1 版中鉴定错误的物种，同时，将植物收录范围从中山大学南校区和珠海校区缩小到南校区并删去了第 1 版收录的位于珠海校区的物种，还增加了红鳞蒲桃、长萼堇菜、球兰等第 1 版中未收录的物种。图片方面，换掉了第 1 版中的所有照片，再版时更注重照片质量的提高，且所有照片均摄于南校区。文字方面，重新进行编辑，在一定程度上减少文字的占比，将更多的版面让给图片。本书按蕨类植物、裸子植物、被子植物（包括双子叶植物和单子叶植物）分类，其中，蕨类植物各科按秦仁昌（1978 年）系统排序，裸子植物各科按郑万钧（1978 年）系统排序，被子植物按英国哈钦松（1973 年）系统排序。

《康乐芳草》第 1 版的主创人员多为中山大学生命科学学院 2012 级和 2013 级的本科生，而在再版工作正式开始的时候，学长学姐们已毕业或即将毕业，不便参与再版工作。因此，再版工作交由中山大学生命科学学院 2015 级的本科生完成。再版主编人员的变更也获得了第 1 版主编的同意，在此，要感谢《康乐芳草》第 1 版主编齐璨、洪素珍、周杰对此次再版的支持。在本书的最后保留了第 1 版的后记，这是学长学姐们努力与成长的印记，也是向第 1 版全体工作人员的致谢。

此次再版无论是在内容上还是在排版上，与第1版相比都有很大变化，且再版工作由专业知识不够丰富的本科生主持，所以，多少会有一些不安。尽管前后多次校稿，但仍担心会出现纰漏。在此，我仅代表本次再版的工作人员，向于百忙之中抽出时间指导我们工作方向、参与校稿工作的凡强老师和赵万义博士，以及给出宝贵意见的中山大学生命科学学院2014级本科生刘成一表示由衷的感谢，感谢他们对此次再版的支持与帮助。

本书正文部分根据《中国植物志》中的描述加以修改而成，保留了部分易于理解的专业词汇，因此，对于没有植物学基础的读者来说也不会觉得晦涩难懂。书中所有照片均摄于中山大学南校区内，拍摄时间集中于2016—2017年。部分照片由赵万义、刘成一提供（文中有标注），在此表示感谢；其他照片由我本人拍摄。

在为期一年多的《康乐芳草》再版工作中，从拍摄到编辑，无不感受到校园中植物种类之丰富。虽收录了近300种植物，何奈编者才疏学浅，未能尽现康乐园植物的完整风貌及历史价值；但也为读者展示了中山大学南校区内植物种类及分布的大致情况，在表现校园自然景观的同时，也希望能激起读者的兴趣和探索欲，感受中山大学之美。

花鸟鱼虫，人间草木，皆是世间风物，人们所表达的喜爱或寄予的情感，并非矫揉造作，不过是在这繁杂世界中所保留的一份质朴单纯。愿读者能享受这场植物之旅。

编者

2018年2月

蕨类植物

海金沙科
海金沙属　海金沙 / 3

凤尾蕨科
凤尾蕨属　半边旗 / 4

铁线蕨科
铁线蕨属　假鞭叶铁线蕨 / 5
　　　　　铁线蕨 / 6

铁角蕨科
巢蕨属　巢蕨 / 7

肾蕨科
肾蕨属　肾蕨 / 8

水龙骨科
石韦属　贴生石韦 / 9

裸子植物

苏铁科
苏铁属　苏铁 / 13

银杏科
银杏属　银杏 / 14

南洋杉科
南洋杉属　异叶南洋杉 / 15

松科
松属　湿地松 / 16

杉科
落羽杉属　落羽杉 / 17

柏科
圆柏属　圆柏 / 18

罗汉松科
  罗汉松属　短叶罗汉松 / 19
　　　　　　竹柏 / 20

双子叶植物

木兰科
  含笑属　白兰 / 23
　　　　　黄兰 / 24
　　　　　含笑 / 25
  木兰属　荷花玉兰 / 26
  木莲属　灰木莲 / 27

番荔枝科
  鹰爪花属　鹰爪花 / 28
  假鹰爪属　假鹰爪 / 29

樟科
  木姜子属　潺槁木姜子 / 30
  樟属　阴香 / 31
　　　　樟树 / 32

毛茛科
  毛茛属　禺毛茛 / 33

睡莲科
  莲属　莲 / 34

防己科
  千金藤属　粪箕笃 / 35
  青牛胆属　中华青牛胆 / 36

胡椒科
  草胡椒属　草胡椒 / 37
  胡椒属　假蒟 / 38

三白草科
  蕺菜属　蕺菜 / 39

山柑科
  鱼木属　鱼木 / 40

堇菜科
  堇菜属　长萼堇菜 / 41

石竹科
  鹅肠菜属　鹅肠菜 / 42

马齿苋科
  土人参属　土人参 / 43

蓼科
  蓼属　火炭母 / 44
　　　　蓼子草 / 45

商陆科
    商陆属　垂序商陆 / 46

苋科
    杯苋属　杯苋 / 47
    莲子草属　锦绣苋 / 48
            莲子草 / 49

落葵科
    落葵属　落葵 / 50

酢浆草科
    阳桃属　阳桃 / 51
    酢浆草属　红花酢浆草 / 52
            酢浆草 / 53

千屈菜科
    萼距花属　细叶萼距花 / 54
    紫薇属　大叶紫薇 / 55
           紫薇 / 56

紫茉莉科
    叶子花属　叶子花 / 57

山龙眼科
    银桦属　银桦 / 58
          红花银桦 / 59

五桠果科
    五桠果属　五桠果 / 60

海桐花科
    海桐花属　海桐 / 61

大风子科
    锡兰莓属　锡兰莓 / 62

番木瓜科
    番木瓜属　番木瓜 / 63

山茶科
    山茶属　山茶 / 64
          张氏红山茶 / 65

桃金娘科
    桉属　柠檬桉 / 66
    白千层属　白千层 / 67
    番樱桃属　红果仔 / 68
    红千层属　红千层 / 69
    蒲桃属　红鳞蒲桃 / 70
          红枝蒲桃 / 71
          蒲桃 / 72
          洋蒲桃 / 73
          水翁 / 74

　　　　金缨木属　金蒲桃 / 75

野牡丹科
　　　　光荣树属　巴西野牡丹 / 76

使君子科
　　　　诃子属　小叶榄仁 / 77
　　　　使君子属　使君子 / 78

藤黄科
　　　　黄牛木属　黄牛木 / 79

杜英科
　　　　杜英属　水石榕 / 80

梧桐科
　　　　苹婆属　苹婆 / 81
　　　　　　　　假苹婆 / 82
　　　　瓶木属　槭叶酒瓶树 / 83

木棉科
　　　　吉贝属　美丽异木棉 / 84
　　　　木棉属　木棉 / 85

锦葵科
　　　　黄花稔属　白背黄花稔 / 86
　　　　木槿属　朱槿 / 87
　　　　　　　　吊灯扶桑 / 88
　　　　苘麻属　金铃花 / 89
　　　　悬铃花属　垂花悬铃花 / 90

大戟科
　　　　变叶木属　变叶木 / 91
　　　　大戟属　飞扬草 / 92
　　　　　　　　通奶草 / 93
　　　　　　　　一品红 / 94
　　　　海漆属　红背桂 / 95
　　　　麻疯树属　麻疯树 / 96
　　　　　　　　　琴叶珊瑚 / 97
　　　　秋枫属　秋枫 / 98
　　　　石栗属　石栗 / 99
　　　　铁苋菜属　铁苋菜 / 100
　　　　乌桕属　乌桕 / 101
　　　　血桐属　血桐 / 102
　　　　叶下珠属　叶下珠 / 103

蔷薇科
　　　　蛇莓属　皱果蛇莓 / 104
　　　　石楠属　闽粤石楠 / 105
　　　　樱属　钟花樱桃 / 106

含羞草科
　　　　海红豆属　海红豆 / 107
　　　　含羞草属　含羞草 / 108

金合欢属　台湾相思 / 109
　　朱缨花属　朱缨花 / 110

苏木科
　　凤凰木属　凤凰木 / 111
　　决明属　　翅荚决明 / 112
　　　　　　　黄槐决明 / 113
　　　　　　　腊肠树 / 114
　　羊蹄甲属　红花羊蹄甲 / 115
　　　　　　　洋紫荆 / 116
　　　　　　　白花洋紫荆 / 117

蝶形花科
　　刺桐属　　刺桐 / 118
　　　　　　　鸡冠刺桐 / 119
　　黄檀属　　降香黄檀 / 120
　　　　　　　南岭黄檀 / 121
　　黧豆属　　白花油麻藤 / 122
　　链荚豆属　链荚豆 / 123
　　落花生属　蔓花生 / 124
　　紫藤属　　紫藤 / 125

金缕梅科
　　枫香属　　枫香 / 126
　　檵木属　　红花檵木 / 127

木麻黄科
　　木麻黄属　木麻黄 / 128

榆科
　　朴属　朴树 / 129
　　榆属　榔榆 / 130

桑科
　　波罗蜜属　波罗蜜 / 131
　　　　　　　桂木 / 132
　　构属　构树 / 133
　　榕属　垂叶榕 / 134
　　　　　小叶榕 / 135
　　　　　对叶榕 / 136
　　　　　高山榕 / 137
　　　　　印度榕 / 138
　　　　　枕果榕 / 139
　　　　　斜叶榕 / 140
　　　　　菩提树 / 141

荨麻科
　　冷水花属　花叶冷水花 / 142
　　　　　　　小叶冷水花 / 143
　　苎麻属　苎麻 / 144

冬青科
　　冬青属　枸骨 / 145

桑寄生科
　　钝果寄生属　广寄生 / 146

芸香科
　　花椒属　簕欓花椒 / 147
　　黄皮属　黄皮 / 148
　　九里香属　九里香 / 149
　　山小橘属　山小橘 / 150

楝科
　　米仔兰属　米仔兰 / 151

无患子科
　　荔枝属　荔枝 / 152
　　龙眼属　龙眼 / 153
　　栾树属　复羽叶栾树 / 154

漆树科
　　杧果属　杧果 / 155
　　人面子属　人面子 / 156

五加科
　　鹅掌柴属　鹅掌藤 / 157
　　幌伞枫属　幌伞枫 / 158

伞形科
　　茴香属　茴香 / 159
　　水芹属　水芹 / 160
　　天胡荽属　香菇草 / 161

杜鹃科
　　杜鹃属　锦绣杜鹃 / 162
　　　　　　白花杜鹃 / 163

柿科
　　柿属　柿 / 164
　　　　　光叶柿 / 165

山榄科
　　铁线子属　人心果 / 166

马钱科
　　灰莉属　灰莉 / 167

木樨科
　　木樨属　木樨 / 168
　　女贞属　小蜡 / 169
　　素馨属　茉莉花 / 170

夹竹桃科
　　狗牙花属　狗牙花 / 171

海杧果属　海杧果 / 172
黄蝉属　黄蝉 / 173
黄花夹竹桃属　黄花夹竹桃 / 174
鸡蛋花属　鸡蛋花 / 175
　　　　　　红鸡蛋花 / 176
鸡骨常山属　糖胶树 / 177
夹竹桃属　夹竹桃 / 178
长春花属　长春花 / 179
倒吊笔属　倒吊笔 / 180
络石属　络石 / 181

萝藦科
马利筋属　马利筋 / 182
球兰属　球兰 / 183

茜草科
耳草属　伞房花耳草 / 184
龙船花属　龙船花 / 185
玉叶金花属　玉叶金花 / 186
长隔木属　长隔木 / 187
栀子属　白蟾 / 188
丰花草属　丰花草 / 189

忍冬科
荚蒾属　珊瑚树 / 190
忍冬属　忍冬 / 191

菊科
鬼针草属　白花鬼针草 / 192
黄鹌菜属　黄鹌菜 / 193
鳢肠属　鳢肠 / 194
蟛蜞菊属　美洲蟛蜞菊 / 195
秋英属　秋英 / 196
豨莶属　豨莶 / 197
野茼蒿属　野茼蒿 / 198
紫菀属　钻叶紫菀 / 199

车前科
车前属　车前 / 200

半边莲科
半边莲属　半边莲 / 201

紫草科
基及树属　基及树 / 202

茄科
茄属　少花龙葵 / 203
　　　水茄 / 204

旋花科
番薯属　五爪金龙 / 205

玄参科
爆仗竹属　爆仗竹 / 206
过长沙舅属　黄花过长沙舅 / 207
母草属　旱田草 / 208
　　　　母草 / 209
　　　　泥花草 / 210
　　　　圆叶母草 / 211
　　　　长蒴母草 / 212
通泉草属　通泉草 / 213
胡麻草属　矮胡麻草 / 214

紫葳科
菜豆树属　海南菜豆树 / 215
火烧花属　火烧花 / 216
火焰树属　火焰树 / 217
猫尾木属　猫尾木 / 218
猫爪藤属　猫爪藤 / 219

爵床科
驳骨草属　小驳骨 / 220
黄脉爵床属　黄脉爵床 / 221
鳞花草属　鳞花草 / 222

马鞭草科
大青属　赪桐 / 223
　　　　白花灯笼 / 224
　　　　龙吐珠 / 225
假连翘属　假连翘 / 226
马缨丹属　马缨丹 / 227
柚木属　柚木 / 228

唇形科
鼠尾草属　荔枝草 / 229

单子叶植物

鸭跖草科
水竹叶属　牛轭草 / 233
鸭跖草属　竹节菜 / 234
紫露草属　吊竹梅 / 235
　　　　　紫背万年青 / 236

芭蕉科
芭蕉属　香蕉 / 237

旅人蕉科
旅人蕉属　旅人蕉 / 238

姜科
山姜属　艳山姜 / 239

竹芋科
紫背竹芋属　紫背竹芋 / 240
肖竹芋属　孔雀竹芋 / 241
栉花芋属　紫背栉花竹芋 / 242

百合科
吊兰属　吊兰 / 243
虎尾兰属　虎尾兰 / 244
　　　　　金边虎尾兰 / 245
山菅属　山菅兰 / 246
山麦冬属　山麦冬 / 247
朱蕉属　朱蕉 / 248

天门冬科
天门冬属　非洲天门冬 / 249

天南星科
龟背竹属　龟背竹 / 250
海芋属　海芋 / 251
合果芋属　合果芋 / 252
麒麟叶属　绿萝 / 253
　　　　　麒麟叶 / 254
喜林芋属　羽叶喜林芋 / 255

石蒜科
葱莲属　葱莲 / 256
　　　　黄花葱兰 / 257
　　　　韭莲 / 258
水鬼蕉属　水鬼蕉 / 259
文殊兰属　文殊兰 / 260
朱顶红属　朱顶红 / 261

鸢尾科
巴西鸢尾属　巴西鸢尾 / 262
鸢尾属　蝴蝶花 / 263

龙舌兰科
龙舌兰属　金边龙舌兰 / 264

棕榈科
槟榔属　三药槟榔 / 265
刺葵属　江边刺葵 / 266
蒲葵属　蒲葵 / 267
散尾葵属　散尾葵 / 268
王棕属　王棕 / 269
鱼尾葵属　鱼尾葵 / 270
　　　　　短穗鱼尾葵 / 271
棕竹属　棕竹 / 272

仙茅科
仙茅属　大叶仙茅 / 273
　　　　短葶仙茅 / 274

兰科
　　兰属　纹瓣兰 / 275
　　绶草属　香港绶草 / 276
　　线柱兰属　线柱兰 / 277

禾本科
　　簕竹属　粉单竹 / 278
　　　　　　大佛肚竹 / 279
　　　　　　黄金间碧竹 / 280
　　求米草属　竹叶草 / 281
　　地毯草属　地毯草 / 282

参考资料 /283

后记（第 1 版）/285

蕨类植物

康乐芳草
Kangle Fangcao

海金沙科

海金沙属

海金沙

Lygodium japonicum (Thunb.) Sw.

植株高1～4米。叶轴上面有两条狭边，羽片多数，对生于叶轴上的短距两侧，平展。不育羽片尖三角形，二回羽状；可育羽片卵状三角形，二回羽状；一回小羽片4～5对，互生。孢子囊穗的长往往远超小羽片的中央不育部分，排列稀疏，暗褐色，无毛。

产于江苏、浙江、安徽南部、福建、台湾、广东、香港、广西、湖南、贵州、四川、云南、陕西南部。日本、斯里兰卡、印度尼西亚（爪哇）、菲律宾、印度以及澳大利亚热带地区都有分布。

位置：校园内各花坛，竹园

○ 海金沙的生境

○ 海金沙的孢子叶

凤尾蕨科
凤尾蕨属

半边旗
Pteris semipinnata L.

根状茎长而横走,先端及叶柄基部被黑褐色鳞片。叶簇生,叶柄连同叶轴均为栗红色,有光泽,光滑;叶片长圆披针形,二回半边深羽裂;顶生羽片阔披针形至长三角形,先端尾状,篦齿状深羽裂几达叶轴,裂片6~12对,对生,开展,镰刀状阔披针形,向上渐短,先端短渐尖;侧生羽片4~7对,对生或近对生,开展,下部的有短柄,向上无柄,半三角形而略呈镰刀状,先端长尾头,基部偏斜,两侧极不对称,上侧仅有一条阔翅,下侧篦齿状深羽裂几达羽轴,镰刀状披针形,基部一片最长,向上的逐渐变短,先端短尖或钝。羽轴下面隆起,下部栗色,向上禾秆色。

位置: 竹园

○ 半边旗的生境

○ 半边旗的叶

○ 半边旗的侧生羽片

铁线蕨科

铁线蕨属

假鞭叶铁线蕨

Adiantum malesianum Ghatak

也叫南洋铁线蕨。根状茎短而直立,密被披针形、棕色、边缘具锯齿的鳞片。叶簇生,幼时棕色,老时栗黑色,略有光泽;叶片线状披针形,向顶端渐变小,基部不变狭,一回羽状;羽片无柄,平展,互生或近对生,基部一对羽片不缩小,近团扇形,多少反折向下,其中部的侧生羽片半开式,上缘和外缘深裂;顶部羽片近倒三角形。叶干后厚纸质,褐绿色,叶轴先端往往延长成鞭状,落地生根,行无性繁殖。孢子囊群每羽片5~12枚;囊群盖圆肾形,上缘平直,上面被密毛,棕色,纸质,全缘,宿存。

位置: 校园内零星分布,如测试大楼南侧

○ 假鞭叶铁线蕨的生境

○ 假鞭叶铁线蕨的叶

○ 假鞭叶铁线蕨未成熟的孢子囊群

○ 铁线蕨的生境

铁线蕨

Adiantum capillus-veneris L.

叶远生或近生；纤细，栗黑色，有光泽；叶片卵状三角形，尖头，中部以下多为二回羽状，中部以上为一回奇数羽状；羽片3~5对，互生，斜向上，基部一对较大，长圆状卵形；侧生末回小羽片2~4对，互生，斜向上，对称或不对称的斜扇形或近斜方形，上缘圆形，具2~4浅裂或深裂成条状的裂片；顶生小羽片扇形，往往大于其下的侧生小羽片，第二对羽片向上各对均与基部一对羽片同形而渐变小。孢子囊群横生于能育的末回小羽片的上缘；囊群盖长形、长肾形或圆肾形，上缘平直，淡黄绿色，老时棕色，膜质，全缘，宿存。

位置：零星分布于一些石阶旁

○ 铁线蕨的羽片

铁角蕨科

巢蕨属

巢蕨

Neottopteris nidus (L.) J. Sm.

植株高1.0～1.2米。叶簇生，叶柄木质，两侧无翅；叶片厚纸质或薄革质，两面无毛，阔披针形，长90～120厘米，渐尖头或尖头，全缘并有软骨质狭边，干后反卷；主脉下面几全部隆起为半圆形。孢子囊群线形，生于小脉上侧；囊群盖线形，浅棕色，厚膜质，宿存。

产于台湾、广东、海南、广西、贵州、云南、西藏的部分地区。

位置：春晖园西北侧草坪

○ 巢蕨未成熟的孢子囊群

○ 巢蕨的叶

肾蕨科

肾蕨属

肾蕨

Nephrolepis auriculata (L.) Trimen

根状茎直立,被蓬松的淡棕色长钻形鳞片,下部有粗铁丝状的匍匐茎向四方横展,棕褐色,不分枝,疏被鳞片,有纤细的褐棕色须。叶簇生,暗褐色,叶片线状披针形或狭披针形,一回羽状,羽片多数,互生,叶缘有疏浅的钝锯齿;叶坚草质或草质,干后棕绿色或褐棕色,光滑。因孢子囊群肾形,故名肾蕨;囊群盖肾形,褐棕色,无毛。

广布于全球热带及亚热带地区。

位置:校园内各花坛

○ 肾蕨的叶

○ 肾蕨的生境

水龙骨科
石韦属

贴生石韦
Pyrrosia adnascens (Sw.) Ching

根状茎细长,攀缘附生于树干和岩石上,密生鳞片;鳞片披针形,边缘具睫毛,淡棕色,着生处深棕色。不孕叶片倒卵状椭圆形或椭圆形,上面疏被星状毛,下面密被星状毛;能育叶条状至狭披针形。孢子囊群聚生于能育叶片中部以上,无囊群盖,幼时被星状毛覆盖,淡棕色,成熟时砖红色。

产于台湾、福建、广东、海南、广西、云南。亚洲热带其他地区也有分布。

位置:校医院附近、第一教学楼后面等处的樟树树干上

○ 贴生石韦的孢子叶

○ 寄生于樟树上的贴生石韦(营养叶)

裸子植物

康乐芳草
Kangle Fangcao

苏铁科

苏铁属

 苏铁

Cycas revoluta Thunb.

树干圆柱形，有明显螺旋状排列的菱形叶柄残痕。羽状叶从茎顶部生出，下层的向下弯曲，上层的向上斜展，叶柄略成四角形，两侧有齿状刺；羽状裂片条形，厚革质，坚硬，边缘向下反卷，先端有刺状尖头，中央微凹。雄球花圆柱形，小孢子叶密生黄褐色或灰黄色长绒毛，大孢子叶密生淡黄色或淡灰黄色绒毛。种子红褐色或橘红色，倒卵圆形或卵圆形。花期6—7月，种子10月成熟。

产于福建、台湾、广东，各地常有栽培。日本、菲律宾、印度尼西亚也有分布。

位置：广布于校园

○ 测试大楼前的苏铁植株

○ 苏铁的叶

裸子植物 / 13

银杏科
银杏属

银杏
Ginkgo biloba L.

乔木。幼树树皮浅纵裂，大树树皮呈灰褐色，深纵裂。枝近轮生，斜向上伸展。冬芽黄褐色，长卵圆形，先端钝尖。叶扇形，有长柄，淡绿色，顶端常具波状缺刻或2裂；秋季落叶前变黄色。雌雄异株，雄球花菜荑花序状，下垂；雌球花具长梗，梗端常分两叉。种子具长梗，下垂，常为卵圆形，外种皮熟时黄色或橙黄色，外被白粉。花期3—4月，种子9—10月成熟。

为我国特有种，大部分地区有栽培。

位置：曾宪梓堂南院前，养护院前

○ 养护院前的银杏

○ 银杏的主干及叶

○ 银杏的叶

南洋杉科

南洋杉属

异叶南洋杉

Araucaria heterophylla (Salisb.) Franco

乔木。树干通直。树皮暗灰色，裂成薄片状脱落。树冠塔形，大枝平伸，小枝平展或下垂，侧枝常成羽状排列，下垂。叶二型，有白粉，幼树及侧生小枝的叶排列疏松，开展，光绿色；大树及花果枝上的叶排列较密，宽卵形或三角状卵形，基部宽，先端钝圆。雄球花单生于枝顶，圆柱形。球果近圆球形或椭圆状球形；苞鳞厚，先端具扁平的三角状尖头。种子椭圆，稍扁，两侧具宽翅。

原产于大洋洲诺和克岛。我国福州、广州等地有引种栽培。

位置： 伍舜德图书馆旁，广寒宫旁，英东体育馆后等处

○ 异叶南洋杉的整体植株

○ 异叶南洋杉的枝叶

松科

松属

湿地松

Pinus elliottii Engelm.

乔木。树皮灰褐色或暗红褐色，纵裂成鳞状块片剥落；鳞叶上部披针形，淡褐色，边缘有睫毛。冬芽圆柱形，上部渐窄，鳞芽淡灰色。针叶2～3针一束并存，刚硬，深绿色，边缘有锯齿。球果圆锥形或窄卵圆形。种鳞的鳞盾近斜方形，肥厚，有锐横脊；种子卵圆形，黑色，有灰色斑点，种翅易脱落。

原产于美国东南部。我国中部及南部地区有引种栽培。

位置：英东体育馆旁等处

○ 掉落的湿地松球果

○ 英东体育馆旁的湿地松

杉科

落羽杉属

落羽杉

Taxodium distichum (L.) Rich.

落叶乔木。树干基部通常膨大,常有屈膝状的呼吸根。树皮棕色,裂成长条片脱落。枝条水平开展,幼树树冠圆锥形,老则呈宽圆锥状;新生幼枝绿色,到冬季变为棕色。叶条形,扁平羽状,先端尖。雄球花卵圆形,有短梗,在小枝顶端排列成总状花序状或圆锥花序状。球果球形或卵圆形,有短梗,向下斜垂,成熟时淡褐黄色,有白粉。种鳞木质,盾形;种子不规则三角形,有锐棱,褐色。球果10月成熟。

原产于北美东南部。我国多地有引种栽培。

位置: 园东湖边,曾宪梓堂南院前

○ 园东湖旁的落羽杉

○ 落羽杉的枝叶

柏科

圆柏属

圆柏

Sabina chinensis (L.) Ant.

乔木，高达20米，胸径3.5米。树皮深灰色，成条片纵裂。幼树枝条通常斜向上伸展，形成尖塔形树冠，老则下部大枝平展，形成广圆形树冠。叶为刺叶或鳞叶，刺叶生于幼树上，老龄树全为鳞叶，壮龄树兼具二者。雌雄多异株，雄球花黄色，椭圆形。球果近圆球形，成熟时暗褐色，被白粉或白粉脱落。种子卵圆形，扁，顶端钝，有棱脊及少数树脂槽。

《尔雅·释木》中有"桧，柏叶松身"之句，"桧"可认为是圆柏。

位置：曾宪梓堂北院前，乙丑进士牌坊前

○ 圆柏的叶

○ 乙丑进士牌坊前的圆柏

罗汉松科
罗汉松属

短叶罗汉松

Podocarpus macrophyllus var. *maki* Endl.

为罗汉松的变种。小乔木或呈灌木状。枝条向上斜展。叶短而密生，先端钝或圆。

原产于日本。我国大部分地区有栽培。

位置：怀士堂，黑石屋，林护堂，荣光堂，信息技术学院 B 楼附近

○ 短叶罗汉松的叶

○ 短叶罗汉松的整体植株

裸子植物

竹柏

Podocarpus nagi (Thunb.) Zoll.

乔木，高达 20 米。树皮近于光滑，红褐色或暗紫红色，成小块薄片脱落。枝条开展或伸展，树冠广圆锥形。叶对生，长卵形、卵状披针形或披针状椭圆形。雄球花穗状圆柱形，单生叶腋，基部有少数三角状苞片；雌球花单生叶腋，稀成对腋生，基部有数枚苞片。种子圆球形，成熟时假种皮暗紫色，有白粉。花期 3—4 月，种子 10 月成熟。

产于浙江、福建、江西、湖南、广东、广西、四川。日本也有分布。

位置：春晖园到图书馆路旁

○ 竹柏的花序及叶

双子叶植物

康乐芳草
Kangle Fangcao

木兰科

含笑属

白兰

Michelia alba DC.

常绿乔木。树皮灰色。枝广展,呈阔伞形树冠。揉枝叶,有芳香;嫩枝及芽密被淡黄白色微柔毛,老时毛渐脱落。叶薄革质,长椭圆形或披针状椭圆形,先端长渐尖或尾状渐尖,上面无毛,下面疏生微柔毛。花白色,极香;花被片10片,披针形。菁葖果熟时鲜红色。花期4—9月,夏季盛开,通常不结果实。

位置: 校园内常见,如逸夫楼前和园东宿舍区

○ 半开放的白兰侧面

○ 完全开放的白兰

黄兰

Michelia champaca L.

常绿乔木。枝斜向上展,呈狭伞形树冠。芽、嫩枝、嫩叶和叶柄均被淡黄色的平伏柔毛。叶薄革质,披针状卵形或披针状长椭圆形,先端长渐尖或近尾状,基部阔楔形或楔形,下面稍被微柔毛。花黄色,极香,花被片15～20片,倒披针形。聚合果,蓇葖倒卵状长圆形。花期6—7月,果期9—10月。

产于西藏东南部、云南南部及西南部。福建、台湾、广东、海南、广西有栽培,长江流域各地盆栽。

位置:西区震寰堂附近

○ 黄兰的花及叶

○ 黄兰的整体植株

含笑

Michelia figo (Lour.) Spreng.

常绿灌木。树皮灰褐色,分枝茂密,芽、嫩枝、叶柄、花梗均密被黄褐色绒毛。叶革质,狭椭圆形或倒卵状椭圆形,先端钝短尖,上面有光泽,无毛,下面仅中脉上有褐色平伏毛。花直立,淡黄色而边缘有时红色或紫色,具甜浓的芳香,花被片6,肉质,长椭圆形,雌蕊被淡黄色绒毛。花期3—5月,果期7—8月。

位置: 管理学院到第一教学楼附近

○ 半开放的含笑

○ 含笑的花及叶

木兰属

荷花玉兰

Magnolia grandiflora L.

常绿乔木。树皮淡褐色或灰色,薄鳞片状开裂。小枝粗壮,具横隔的髓心;小枝、芽、叶下面、叶柄均密被褐色或灰褐色短绒毛。叶厚革质,椭圆形、长圆状椭圆形或倒卵状椭圆形,叶面深绿色,有光泽。花白色,有芳香,花被片9~12片,厚肉质,倒卵形。聚合果圆柱状长圆形或卵圆形,密被褐色或淡灰黄色绒毛。花期5—6月,果期9—10月。

原产于北美洲东南部。我国长江流域以南各城市有栽培。

位置: 曾宪梓堂北院前,保卫处前

○ 荷花玉兰的花及叶

○ 荷花玉兰的叶

木莲属

灰木莲
Manglietia glauca Blume

常绿乔木。干通直,树冠伞形。叶在枝顶成莲座状排列。花大而清香,花瓣厚肉质,外轮稍呈黄绿色,内2轮白色。

原产于越南等东南亚各地。我国广东、广西、海南、云南、福建、浙江南部均有栽培。

位置:松园湖东南侧路旁

○ 灰木莲的花苞

○ 灰木莲的花及叶

番荔枝科
鹰爪花属

鹰爪花
Artabotrys hexapetalus
(L.f.) Bhandari

攀缘灌木。叶纸质，长圆形或阔披针形，叶面无毛；叶背沿中脉被疏柔毛或无毛。花淡绿色或淡黄色，芳香；花瓣长圆状披针形，长3.0～4.5厘米。果卵圆状，顶端尖，数个聚集于果托上。花期5—8月，果期5—12月。

产于浙江、台湾、福建、江西、广东、广西和云南等省区。多见于栽培，少数为野生。

位置：图书馆东侧

○ 鹰爪花的枝叶

○图书馆附近的鹰爪花

假鹰爪属

假鹰爪

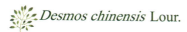
Desmos chinensis Lour.

直立或攀缘灌木，有时上枝蔓延。除花外，全株无毛。枝皮粗糙，有纵条纹，还有灰白色凸起的皮孔。叶薄纸质或膜质，长圆形或椭圆形，少数为阔卵形，顶端钝或急尖，上面有光泽，下面粉绿色。花黄白色，单朵与叶对生或互生；外轮花瓣比内轮花瓣大，长圆形或长圆状披针形，内轮花瓣长圆状披针形，两面被微毛。果有柄，念珠状。花期夏至冬季，果期6月至翌年春季。

位置： 陈寅恪故居南面

○ 假鹰爪的整体植株

○ 假鹰爪的叶

○ 假鹰爪的花

樟科
木姜子属

潺槁木姜子
Litsea glutinosa (Lour.) C. B. Rob.

常绿小乔木或乔木。树皮灰色或灰褐色。小枝幼时被灰黄色绒毛。叶互生，倒卵形、倒卵状长圆形或椭圆状披针形，革质；幼时两面均有毛，老时上面近中脉略有毛。伞形花序生于小枝上部叶腋，单生或几个生于短枝上；花被不完全或缺。果球形。花期5—6月，果期9—10月。

产于广东、广西、福建及云南部。

位置：竹园，图书馆北侧

○ 潺槁木姜子的叶

○ 潺槁木姜子的整体植株

樟属

 阴香

Cinnamomum burmanni (Nees et T. Nees) Blume

乔木。树皮光滑,灰褐色至黑褐色,内皮红色,味似肉桂。叶互生或近对生,卵圆形、长圆形至披针形,革质,上面绿色,光亮,下面粉绿色,晦暗,两面无毛。圆锥花序腋生或近顶生,少花,疏散,密被灰白色微柔毛;花绿白色。花期主要在秋冬季,果期主要在冬末及春季。

产于广东、广西、云南及福建。

树皮可做肉桂皮代用品。

位置: 图书馆东门附近

○ 阴香的花及叶

樟树
Cinnamomum camphora (L.) Presl

常绿大乔木，枝、叶及木材均有樟脑气味。树皮黄褐色，有不规则纵裂。顶芽广卵形或圆球形。叶互生，卵状椭圆形，全缘，软骨质，有时呈微波状，上面绿色或黄绿色，有光泽，下面灰绿色或黄绿色，晦暗。圆锥花序腋生，花绿白色或带黄色，花被外面无毛或被微柔毛，内面密被短柔毛。果卵球形或近球形，紫黑色。花期4—5月，果期8—11月。

产于华南及西南各省区。

位置：校园内常见，如怀士堂附近

○ 樟树的整体植株

毛茛科

毛茛属

禺毛茛

Ranunculus cantoniensis DC.

多年生草本。茎与叶柄密被伸展的淡黄色糙毛。叶全部或多数为三出复叶,基生叶和下部叶具长柄;叶片宽卵形,小叶卵形至宽卵形,2～3裂,边缘具密锯齿;上部叶渐小,3全裂。花序疏生;花瓣5,黄色,椭圆形。聚合果球形;瘦果扁,狭倒卵形。

分布于云南、四川、贵州、广西、广东等省区。

全草含原白头翁素。

位置: 竹园

○ 禺毛茛的生境

○ 禺毛茛的花

○ 禺毛茛的果序

睡莲科

莲属

  莲

Nelumbo nucifera Gaertn.

多年生水生草本。根状茎横生，肥厚，节间膨大，内有多数纵行通气孔道。叶圆形，盾状，全缘稍呈波状，上面光滑，具白粉；叶柄粗壮，圆柱形，中空。花梗和叶柄等长或稍长，均散生小刺；花直径10～20厘米，美丽，芳香；花瓣红色、粉红色或白色，矩圆状椭圆形至倒卵形，由外向内渐小，有时变成雄蕊，先端圆钝或微尖。坚果椭圆形或卵形，果皮革质，坚硬，熟时黑褐色。种子(莲子)卵形或椭圆形，种皮红色或白色。花期6—8月，果期8—10月。

位置：园东湖

○ 莲花及叶

○ 莲蓬

○ 园东湖的大片莲

防己科

千金藤属

粪箕笃

Stephania longa Lour.

草质藤本，除花序外全株无毛。枝纤细，有条纹。叶纸质，三角状卵形，顶端钝，有小凸尖；上面深绿色，下面淡绿色，有时粉绿色。复伞形聚伞花序腋生，雄花序较纤细，被短硬毛；雌花的萼片和花瓣均为4片，很少3片。核果红色，果核背部有2行小横肋。花期春末夏初，果期秋季。

产于云南南部、广西、广东、海南、福建和台湾。

位置： 竹园

○ 攀附的粪箕笃

○ 粪箕笃的幼叶

○ 粪箕笃的花序

青牛胆属

中华青牛胆

Tinospora sinensis (Lour.)

俗称"宽筋藤"。藤本。枝稍肉质，嫩枝绿色，被柔毛；老枝肥壮，褐色，通常无毛。叶纸质，阔卵状近圆形，顶端骤尖，两面被短柔毛，背面甚密。总状花序先于叶抽出，雄花序单生或几个簇生，雌花序单生，萼片与花瓣均为6片。核果红色，近球形。花期4月，果期5—6月。

产于广东、广西、云南三省之南部。

位置：竹园

〇 中华青牛胆的叶

〇中华青牛胆的生境

胡椒科

草胡椒属

草胡椒

Peperomia pellucida (L.) Kunth

一年生肉质草本。茎直立或基部有时平卧,分枝,无毛,下部节上常生不定根。叶互生,膜质,半透明,阔卵形或卵状三角形,顶端短尖或钝,基部心形,两面均无毛。穗状花序顶生和与叶对生,细弱,其与花序轴均无毛;花疏生;苞片近圆形,中央有细短柄,盾状。浆果球形,顶端尖。花期4—7月。

产于福建、广东、广西、云南各省区南部。生于林下湿地、石缝中或宅舍墙脚下。

位置: 广布于校园

○ 草胡椒的叶

○ 草胡椒的生境

○ 草胡椒的花序

胡椒属

假蒟

Piper sarmentosum Roxb.

○ 假蒟的花序

多年生、匍匐、逐节生根草本。小枝近直立，无毛。叶近膜质，下部阔卵形或近圆形，顶端短尖，腹面无毛，背面沿脉被极细的粉状短柔毛。花单性，雌雄异株，聚集成与叶对生的穗状花序。浆果近球形，具4角棱，无毛。花期4—11月。

产于福建、广东、广西、云南、贵州及西藏（墨脱）各省区。

具药用价值。根可治风湿骨痛、跌打损伤、风寒咳嗽、妊娠和产后水肿；果序治牙痛、胃痛、腹胀、食欲不振等。

位置：竹园，图书馆北侧附近

○ 假蒟的生境

三白草科

蕺菜属

蕺菜

Houttuynia cordata Thunb.

即鱼腥草（折耳根）。腥臭草本。茎上部直立，有时带紫红色。叶薄纸质，卵形或阔卵形，顶端短渐尖，基部心形，背面常呈紫红色，托叶与下部叶柄合生成鞘。花序长约2厘米；总苞片长圆形或倒卵形，白色，顶端钝圆。蒴果顶端有宿存花柱。花期4—7月。

产于我国中部、东南部至西南部各省区。

位置：可见于草坪、花圃中

○ 蕺菜的花

○ 蕺菜的生境

山柑科

鱼木属

 ### 鱼木

Crateva religiosa G. Forst.

灌木或乔木。树皮和果实有毒。小枝与节间长度平均数均较其他种大,有稍栓质化的纵皱肋纹。小叶薄而坚韧,两面稍异色。花序顶生,有花10〜15朵。果球形至椭圆形,红色。花期6—7月,果期10—11月。

产于台湾、广东、广西。

位置:法学院东侧等处

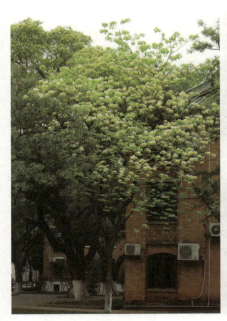

○ 盛花期的鱼木

○ 鱼木的花序

○ 鱼木的叶

堇菜科
堇菜属

长萼堇菜
Viola inconspicua Blume

多年生草本。无地上茎；根状茎垂直或斜生，较粗壮，节密生，通常被残留的褐色托叶所包被。叶均基生，呈莲座状；叶片三角形、三角状卵形或戟形，最宽处在叶的基部，中部向上渐变狭。花淡紫色，有暗色条纹；花瓣长圆状倒卵形，侧方花瓣里面基部有须毛。蒴果长圆形。花、果期3—11月。

我国大部分省区有产。

位置：常见于各草坪

○ 长萼堇菜的生境

○ 长萼堇菜的花

石竹科
鹅肠菜属

鹅肠菜
Myosoton aquaticum (L.) Moench

二年生或多年生草本,具须根。茎上升,多分枝。叶片卵形或宽卵形,顶端急尖,有时边缘具毛。顶生二歧聚伞花序;花瓣白色,2深裂至基部,裂片线形或披针状线形。蒴果卵圆形,稍长于宿存萼。花期5—8月,果期6—9月。

产于我国南北各省区。

位置:常见于各草坪

○ 鹅肠菜的生境及花

马齿苋科

土人参属

土人参

Talinum paniculatum (Jacq.) Gaertn.

一年生或多年生草本,高30～100厘米。茎直立,基部近木质,多少分枝。叶互生或近对生,稍肉质,倒卵形或倒卵状长椭圆形,顶端急尖,全缘。圆锥花序顶生或腋生,较大型,常二叉分枝,具长花序;花瓣粉红色或淡紫红色,长6～12毫米。蒴果近球形,3瓣裂。花期6—8月,果期9—11月。

原产于热带美洲。我国中部和南部均有栽培。

位置: 英东游泳池北侧附近

○ 土人参的生境

○ 土人参的花

○ 土人参的叶

蓼科
蓼属

火炭母
Polygonum chinense L.

多年生草本,基部近木质。叶卵形或长卵形,顶端短渐尖,全缘,两面无毛,有时下面沿叶脉疏生短柔毛。花序头状,通常数个排成圆锥状,顶生或腋生;花被裂片白色或淡红色,果期增大且呈肉质,蓝黑色。瘦果卵球形,具3棱,黑色。花期7—9月,果期8—10月。

产于陕西南部、甘肃南部以及华东、华中、华南和西南。

位置:广布于校园

○ 火炭母的花序及叶

○ 火炭母的花及果

蓼子草

Polygonum criopolitanum Hance

一年生草本。茎自基部分枝,平卧,丛生,节部生根,被长糙伏毛及稀疏的腺毛。叶狭披针形或披针形,顶端急尖,两面被糙伏毛,边缘具缘毛及腺毛。花序头状,顶生,花序梗密被腺毛;花被5深裂,淡紫红色,花被片卵形。瘦果椭圆形,双凸镜状,有光泽,包于宿存花被内。花期7—11月,果期9—12月。

产于河南、陕西、广东、广西、福建等省区。

位置: 园东区篮球场西侧草坪

○ 蓼子草的花

○ 蓼子草的生境

商陆科

商陆属

垂序商陆

Phytolacca americana L.

多年生草本。根粗壮，肥大，倒圆锥状。茎直立，有时带紫红色。叶片椭圆状卵形或卵状披针形，顶端急尖。总状花序顶生或侧生；花白色，微带红晕，花被片5。果序下垂，浆果扁球状，熟时紫黑色。花期6—8月，果期8—10月。

原产于北美洲。我国引入栽培，1960年后遍及广东、四川、云南等省区。

位置：中文堂旁

○ 垂序商陆的花序

○ 垂序商陆的叶

○ 垂序商陆的果序

苋科

杯苋属

杯苋

Cyathula prostrata (L.) Blume

多年生草本。茎上升或直立,钝四棱形,有灰色长柔毛,节部带红色,变粗。叶片菱状倒卵形或菱状矩圆形,顶端圆钝,微凹,上面绿色,幼时带红色,下面苍白色,两面有长柔毛,具缘毛。总状花序由多数花丛组成;两性花的花被片淡绿色,外被白色长柔毛;不育花的花被片及苞片黄色。花、果期6—11月。

产于台湾、广东、广西、云南。

位置:材料科学研究所附近

○ 杯苋的生境

莲子草属

锦绣苋

Alternanthera bettzickiana (Regel) Nichols.

也叫"红草"。多年生草本。茎直立或基部匍匐,多分枝,上部四棱形,下部圆柱形,两侧各有一纵沟。叶片矩圆形、矩圆倒卵形或匙形,顶端有凹尖,边缘皱波状,绿色或红色。头状花序顶生及腋生;花被片卵状矩圆形,白色。果实不发育。花期8—9月。

原产于巴西,我国各大城市现有栽培。

位置:竹园,图书馆以东

○ 锦绣苋的植株

○ 锦绣苋的叶

○ 锦绣苋的生境

莲子草

Alternanthera sessilis (L.) DC.

也叫虾钳菜。多年生草本。茎上升或匍匐，绿色或稍带紫色，有条纹及纵沟，沟内有柔毛。叶片形状大小有变化，全缘或有不明显锯齿，两面无毛或疏生柔毛。头状花序腋生，初为球形，后渐成圆柱形，花密生，花轴密生白色柔毛；花被片白色，无毛。胞果倒心形，侧扁，深棕色。花期5—7月，果期7—9月。

全植物入药，有散瘀消毒、清火退热之功效，治牙痛、痢疾。

位置：曾宪梓堂南院与北院之间

○ 莲子草的叶

○ 莲子草的花序

○ 莲子草的生境

落葵科

落葵属

落葵

Basella alba L.

即木耳菜。一年生缠绕草本。茎长可达数米,无毛,肉质,绿色或略带紫红色。叶片卵形或近圆形,顶端渐尖,基部微心形或圆形,下延成柄,全缘。穗状花序腋生;花被片淡红色或淡紫色,卵状长圆形,全缘,顶端钝圆,下部白色,连合成筒。果实球形,红色至深红色或黑色,多汁液,外包宿存小苞片及花被。花期5—9月,果期7—10月。

位置:曾宪梓堂南院后面等处

○ 落葵的幼叶

○ 落葵的果序,顶端为花序

○ 落葵的成熟果,右侧为花序

酢浆草科

阳桃属

阳桃

Averrhoa carambola L.

○ 阳桃的果

乔木。分枝甚多,树皮暗灰色。奇数羽状复叶,互生,小叶卵形至椭圆形,全缘,表面深绿色,背面淡绿色,疏被柔毛或无毛。花小,微香,组成聚伞花序或圆锥花序,自叶腋出或生于枝干上,花枝和花蕾深红色;花瓣略向背面弯卷,背面淡紫色,边缘色较淡。浆果肉质,有五棱,横切呈星芒状,淡绿色或蜡黄色,可食用。花期4—12月,果期7—12月。

原产于马来西亚、印度尼西亚。我国广东、广西、福建、云南、台湾有栽培。

位置:排球场北面路旁,贺丹青堂附近等处

○ 阳桃的整体植株

○ 阳桃的枝叶

○ 阳桃的花

酢浆草属

红花酢浆草
Oxalis corymbosa DC.

即人们常说的三叶草。多年生直立草本。叶基生,被毛,小叶3,扁圆状倒心形,顶端凹入,表面绿色,被毛或近无毛,背面浅绿色。二歧聚伞花序,花梗、苞片、萼片均被毛;花瓣5,倒心形,淡紫色至紫红色,基部颜色较深。花、果期3—12月。

广泛分布于我国大部分省区。原产于南美热带地区。

位置: 广布于校园

○ 红花酢浆草的叶

○ 红花酢浆草的花

酢浆草

Oxalis corniculata L.

草本,全株被柔毛。茎纤弱,多分枝。叶基生或茎上互生,小叶3,无柄,倒心形,先端凹入,两面被柔毛或表面无毛,边缘具贴伏缘毛。花单生或数朵聚为伞形花序状;花瓣5,黄色,花丝白色半透明。蒴果长圆柱形,5棱。花、果期2—9月。

全国广布。

位置: 广布于校园

○ 酢浆草的叶

○ 酢浆草的花

千屈菜科

萼距花属

细叶萼距花
Cuphea hyssopifolia Kunth

○ 细叶萼距花的叶

小灌木，多分枝。叶小，纸质，对生或近对生，狭长圆形至披针形，全缘。花单朵，腋外生，紫色或紫红色，花瓣6。蒴果近长圆形，较少结果。花期全年。

原产于墨西哥，现热带地区广为种植。

位置：生物楼后，岭南堂喷水池周围花坛，春晖园附近花坛

○ 细叶萼距花的花

○ 春晖园旁花坛中的细叶萼距花

紫薇属

大叶紫薇

Lagerstroemia speciosa (L.) Pers.

大乔木。树皮灰色，平滑。叶革质，矩圆状椭圆形或卵状椭圆形，甚大，两面无毛。花淡红色或紫色，顶生圆锥花序，花轴、花梗及花萼外面均被黄褐色糠秕状的密黏毛；花瓣6，几不皱缩。蒴果球形至倒卵状矩圆形，6裂。花期5—7月，果期10—11月。

广东、广西及福建有栽培。

位置：东门附近，永芳堂前的草地旁，西区等处

○ 大叶紫薇的整体植株（落叶）

○ 大叶紫薇的花

○ 大叶紫薇的果

紫薇

Lagerstroemia indica L.

○ 紫薇的花序

落叶灌木或小乔木。树皮平滑，灰色或灰褐色。枝干多扭曲，小枝纤细具四棱，略成翅状。叶互生或对生，纸质，椭圆形或倒卵形，无毛或下面沿中脉有微柔毛。花淡红色或紫色、白色，花瓣6，皱缩。蒴果椭圆状球形或阔椭圆形，成熟或干燥时紫黑色，室背开裂。花期6—9月，果期9—12月。

轻搔树皮，可观察到树枝微颤（排除风的因素），故又名"痒痒树"。

位置：测试大楼周围，英东体育场旁等处

○ 紫薇的整体植株

○ 紫薇的果

○ 紫薇的树皮

紫茉莉科

叶子花属

叶子花

Bougainvillea spectabilis Willd.

也叫"三角梅"。藤状灌木。枝、叶密生柔毛,刺腋生,下弯。叶片椭圆形或卵形,柔软。花序腋生或顶生,苞片暗红色或淡紫红色,椭圆状卵形。花期冬春间。

原产于热带美洲。我国南方栽培供观赏。

位置: 贺丹青堂附近,松园湖旁等处

○ 叶子花的花序

○ 叶子花的植株

○ 叶子花的叶

○ 松园湖旁有白色苞片的叶子花

山龙眼科

银桦属

银桦

Grevillea robusta A. Cunn. ex R. Br.

○ 银桦的叶

乔木。树皮暗灰色或暗褐色，具浅皱纵裂。嫩枝被锈色绒毛。叶片二次羽状深裂，上面无毛或局部被稀疏丝状绢毛，下面被褐色绒毛和银灰色绢毛，边缘背卷。总状花序腋生；花橙色或黄褐色，顶部卵球形，下弯。果卵状椭圆形，稍扁斜，果皮革质，黑色。花期3—5月，果期6—8月。

位置：怀士堂到逸夫楼之间的路旁，园东宿舍区

○ 银桦的花序

红花银桦

Grevillea banksii R. Br.

常绿小乔木。幼枝有毛。叶互生，二回羽状裂叶，小叶线形不对称，叶背密生白色绒毛。穗状花序顶生，似大型毛刷；花橙红色至鲜红色，花冠筒状，雌蕊伸出花冠筒。蓇葖果扁平，熟时褐色。盛花期11月至翌年5月。

原产于澳大利亚。我国南部、西南部地区有栽培。

位置：游泳馆东侧

○ 红花银桦的叶

○ 红花银桦的花

○ 红花银桦的整体植株

五桠果科

五桠果属

五桠果

Dillenia indica L.

常绿乔木。树皮红褐色，平滑，大块薄片状脱落。嫩枝粗壮有褐色柔毛，老枝秃净。叶薄革质，矩圆形或倒卵状矩圆形，上下两面初时有柔毛，不久柔毛脱落干净，边缘有明显锯齿。花单生于枝顶叶腋；花瓣白色，倒卵形。果实圆球形，不开裂，宿存萼片肥厚，稍增大。果实可食用。

位置：黄傅经堂附近，竹园

○ 五桠果的叶

○ 五桠果的果和叶

○ 五桠果的花

海桐花科

海桐花属

海桐

Pittosporum tobira (Thunb.) Ait

常绿灌木或小乔木。嫩枝被褐色柔毛,有皮孔。叶聚生于枝顶,革质,嫩时上下两面有毛,以后柔毛脱落干净,倒卵形或倒卵状披针形,上面深绿色,发亮,先端圆形或钝,常微凹或为微心形。伞形花序或伞房状伞形花序顶生或近顶生,密被黄褐色柔毛;花白色,有芳香,后变黄色。蒴果圆球形,有棱或呈三角形。

○ 海桐的花

位置:校园内常见,如惺亭附近草地、西聚园小区、廖承志铜像周围

○ 海桐的叶序

大风子科

锡兰莓属

锡兰莓
Dovyalis hebecarpa (Gardn.) Warb.

○ 锡兰莓的幼叶叶序

又名酸味果。常绿小乔木,有长而锐利的刺。树皮灰褐色。幼枝有棕灰色柔毛,老枝有白色皮孔。叶薄革质,常卵形、椭圆状卵形,先端渐尖,全缘或有稀疏钝锯齿,上面深绿色,有光泽,疏被灰色柔毛,下面淡绿色,有棕灰色长柔毛。花单性,雌雄异株,雄花呈伞形状,腋生;雌花单生或2~3朵聚生在叶腋内;萼片宿存。浆果近球形。花期1—4月,果期秋季。

原产于斯里兰卡和热带非洲南部。我国台湾、广东(仅中山大学南校区校园内)、福建(厦门大学校园内)有栽培。

位置: 校医院与工会之间的小花园

○ 校医院前的两株锡兰莓

○ 锡兰莓的枝叶

番木瓜科
番木瓜属

番木瓜
Carica papaya L.

常绿软木质小乔木,具乳汁。茎具螺旋状排列的托叶痕。叶大,聚生于茎顶端,近盾形。花单性或两性,植株有雄株、雌株和两性株。浆果肉质,成熟时橙黄色或黄色,长圆球形、倒卵状长圆球形等,果肉柔软多汁,味香甜。花、果期全年。

原产于热带美洲。我国福建南部、台湾、广东、广西等省区已广泛栽培。

位置:校园内常见,如春晖园到图书馆路旁,东门到园东湖路旁

○ 番木瓜的花

○ 番木瓜的整体植株(有果)

双子叶植物 / 63

山茶科

山茶属

山茶

Camellia japonica L.

灌木或小乔木。叶革质，椭圆形，无毛，先端渐尖，上面深绿色，下面浅绿色，边缘有细锯齿。花顶生，红色，无柄，花瓣6～7片，多为红色或淡红色，亦有白色，多为重瓣。蒴果圆球形。花期1—4月。

四川、台湾、山东、江西等地有野生种，国内各地广泛栽培。

位置：养护院前花圃等

○ 山茶的花

○ 养护院前的山茶植株

○ 山茶的花及叶

张氏红山茶
Camellia changii C. X. Ye

也叫"杜鹃红山茶"。灌木。嫩枝红色，无毛，老枝灰色。叶革质，倒卵状长圆形，上面干后呈深绿色，发亮，下面绿色，无毛，全缘。花深红色，单生于枝顶叶腋。蒴果短纺锤形，有半宿存萼片。

本种为中山大学叶创兴教授纪念张宏达教授而命名并发表的。张宏达先生是我国著名植物学家、生态学家，是山茶科、金缕梅科等的专家，首创"华夏植物区系学说"，提出了"种子植物新系统"。张宏达于2016年1月20日在广州逝世。

位置：曾宪梓堂北院前，图书馆附近，竹园

○ 竹园里的张氏红山茶

○ 张氏红山茶的枝叶

○ 张氏红山茶的花

桃金娘科

桉属

柠檬桉

Eucalyptus citriodora Hook. f.

大乔木。树干挺直。树皮光滑，灰白色，大片状脱落。幼时叶片披针形，叶柄盾状着生；成熟叶片狭披针形，稍弯曲，两面有黑腺点，揉之有浓厚的柠檬气味；过渡性叶阔披针形。圆锥花序腋生；花蕾长倒卵形，帽状体比萼管稍宽，先端圆，有一小尖突。蒴果壶形。花期4—9月。

○ 柠檬桉的枝叶

原产于澳大利亚东部及东北部海岸地带。我国广东、广西、福建等有栽培。

位置：园东区132栋与124栋之间路旁

○ 园东宿舍区的柠檬桉

○ 柠檬桉的树皮

白千层属

白千层

Melaleuca leucadendron L.

乔木。树皮灰白色,厚而松软,呈薄层状剥落。叶互生,叶片革质,披针形或狭长圆形,两端尖,香气浓郁。花白色,密集于枝顶成穗状花序;花瓣5,卵形,长2~3毫米,雄蕊长约10毫米。蒴果近球形。花期每年多次。

原产于澳大利亚。我国广东、台湾、广西等地有栽种。

位置: 广布于校园,如逸仙路旁、学五饭堂附近

○ 白千层的花序及枝叶

○ 逸仙路旁许多高大的白千层

○ 白千层的树皮

番樱桃属

红果仔

Eugenia uniflora L.

灌木或小乔木,全株无毛。叶片纸质,卵形至卵状披针形,上面绿色发亮,下面颜色较浅,有无数透明腺点,叶柄极短。花白色,稍芳香,单生或数朵生于叶腋,短于叶。浆果球形,有8棱,熟时深红色。花期春季。

原产于巴西。我国南部有少量栽培。果肉多汁,稍带酸味,可食用。

位置:黄傅经堂东南侧草坪,熊德龙活动中心东南侧

○ 红果仔的花

○ 熊德龙活动中心旁的红果仔

○ 红果仔的枝叶和未成熟果

红千层属

红千层
Callistemon rigidus R. Br.

小乔木。树皮坚硬,灰褐色。嫩枝有棱,初时有长丝毛,不久变为无毛。叶片坚革质,线形,先端尖锐,油腺点明显。穗状花序生于枝顶;花瓣绿色,卵形,长6毫米,雄蕊鲜红色,长2.5厘米,花柱比雄蕊稍长,先端绿色,其余红色。蒴果半球形。花期6—8月。

原产于澳大利亚。我国广东及广西有栽培。

位置:丰盛堂门口,中文堂西侧等处

○ 红千层的花序及枝叶

○ 丰盛堂前的红千层

蒲桃属

红鳞蒲桃

Syzygium hancei Merr. et Perry.

灌木或中等乔木。叶片革质，狭椭圆形至长圆形或为倒卵形，先端钝或略尖，不发亮，有多数细小而下陷的腺点。圆锥花序腋生，多花，无花梗；花瓣4，分离，圆形，雄蕊比花瓣略短。果实球形。花期7—9月。

产于福建、广东、广西等省区。

位置：陈寅恪故居附近

○ 红鳞蒲桃的树干

○ 红鳞蒲桃的枝叶及果

○ 陈寅恪故居旁的红鳞蒲桃

红枝蒲桃

Syzygium rehderianum
Merr. et Perry

又叫"红车木"。灌木至小乔木。嫩枝红色,干后褐色,圆形,稍压扁,老枝灰褐色。叶片革质,椭圆形至狭椭圆形,先端急渐尖,尖头钝,上面多细小腺点,下面稍浅色,多腺点。聚伞花序腋生,或生于枝顶叶腋内,通常有5~6条分枝,每分枝顶端有无梗的花3朵,花瓣连成帽状。果实椭圆状卵形。花期6—8月。

位置: 春晖园西北侧草坪,校医院北侧路旁等处

○ 红枝蒲桃的叶

○ 红枝蒲桃的整体植株

蒲桃

Syzygium jambos (L.) Alston

乔木。主干极短，广分枝。叶片革质，披针形或长圆形，先端长渐尖，叶面多透明细小腺点。聚伞花序顶生，有花数朵；花白色，花瓣分离，阔卵形。果实球形，果皮肉质，成熟时黄色。花期3—4月，果实5—6月成熟。

位置： 中山楼前，游泳池北侧，顺客隆超市附近，园东区119栋西侧

○ 蒲桃的花

○ 园东区119栋旁的蒲桃

洋蒲桃

Syzygium samarangense Merr. et Perry

乔木。嫩枝压扁状。叶片薄革质,椭圆形至长圆形,下面多细小腺点,叶柄极短,有时近于无柄。聚伞花序顶生或腋生,有花数朵;花白色,雄蕊极多,长约1.5厘米。果实梨形或圆锥形,肉质,洋红色,发亮,顶部凹陷,有宿存肉质萼片。花期3—4月,果实5—6月成熟。

原产于马来西亚及印度。我国广东、广西及台湾有栽培。

位置: 第三教学楼附近,英东游泳池东侧

○ 洋蒲桃的花

○ 洋蒲桃的成熟果

水翁

Syzygium nervosum DC.

乔木。树皮灰褐色，颇厚。树干多分枝，嫩枝压扁状。叶片薄革质，长圆形至椭圆形，两面多透明腺点。圆锥花序生于无叶的老枝上，花无梗，2～3朵簇生。浆果阔卵圆形，成熟时紫黑色。花期5—6月。

产于广东、广西及云南等省区。喜生于水边。

花及叶供药用，含酚类及黄酮苷，治感冒。

位置：校医院前路旁等处

○ 水翁的叶

○ 水翁的花序

○ 校医院前的水翁

金缨木属

金蒲桃

Xanthostemon chrysanthus (F. Muell.) Benth.

常绿小乔木,植株高可达5米。叶对生、互生或丛生于枝顶,披针形,全缘,革质。花序呈球状,花蕊金黄色。果为蒴果。花期全年,盛花期为11月至翌年2月。

原产于澳大利亚。

位置:松园湖附近,园东区168栋附近

○ 金蒲桃的果序及叶

○ 金蒲桃的整体植株

野牡丹科

光荣树属

巴西野牡丹

Tibouchina semidecandra Cogn.

常绿灌木。茎四棱形,分枝多,枝条红褐色,茎、枝几乎无毛。叶革质,披针状卵形,顶端渐尖,全缘,叶表面光滑无毛,背面被细柔毛。伞形花序着生于分枝顶端,近头状,有花3～5朵;花瓣5枚,紫色,雄蕊白色且上曲;雌蕊明显比雄蕊伸长膨大。蒴果坛状球形。花多且密,花期几乎全年,8月始进入盛花期,一直到冬季,谢花后又陆续抽蕾开花,可至翌年4月。

位置:廖承志像旁,梁銶琚堂附近

○ 巴西野牡丹的花

○ 梁銶琚堂附近的巴西野牡丹

○ 巴西野牡丹的花苞及枝叶

使君子科
诃子属

小叶榄仁
Terminalia neotaliala Capuron

落叶乔木。主干浑圆挺直，枝丫自然分层轮生于主干四周，层层分明有序地水平向四周开展，枝柔软。小叶琵琶形，具短绒毛，冬季落叶后枝光秃。其花小而不显著，呈穗状花序。

原产于非洲。我国广东、香港、台湾、广西有分布。

位置：贺丹青堂附近，乙丑进士牌坊附近

○ 小叶榄仁的枝叶

○ 乙丑进士牌坊前的小叶榄仁

使君子属

使君子

Quisqualis indica L.

攀缘状灌木。小枝被棕黄色短柔毛。叶对生或近对生，叶片膜质，卵形或椭圆形，先端短渐尖，表面无毛，背面有时疏被棕色柔毛。顶生穗状花序，组成伞房花序式；花瓣5，初为白色，后转为淡红色。果卵形，短尖，具明显的锐棱角5条，成熟时外果皮青黑色或栗色。花期初夏，果期秋末。

种子为中药中最有效的驱蛔虫药之一。

位置：第一教学楼北侧花架

○ 使君子的枝叶

○ 使君子的花序

○ 第一教学楼旁的使君子

藤黄科

黄牛木属

黄牛木

Cratoxylum cochinchinense (Lour.) Blume

落叶灌木或乔木,全体无毛。树干下部有簇生的长枝刺,树皮灰黄色或灰褐色,平滑有细条纹。枝条对生,淡红色。叶片椭圆形至长椭圆形或披针形,先端骤尖或渐尖,坚纸质,上面绿色,下面粉绿色,有透明腺点及黑点。聚伞花序腋生或腋外生及顶生;花瓣粉红色、深红色至红黄色,倒卵形。蒴果椭圆形,棕色,被宿存花萼包被达2/3以上。花期4—5月,果期6月以后。

产于广东、广西及云南南部。

位置: 排球场北面,马岗顶区统战部楼北面

○ 黄牛木的树皮

○ 黄牛木的枝叶

杜英科
杜英属

水石榕
Elaeocarpus hainanensis Oliver

小乔木。具假单轴分枝，树冠宽广；嫩枝无毛。叶革质，狭窄倒披针形，先端尖，幼时上下两面均秃净，老叶上面深绿色，干后发亮，下面浅绿色。总状花序生于当年枝的叶腋内，花较大；花瓣白色，与萼片等长，倒卵形，外侧有柔毛，先端撕裂，裂片30条。核果纺锤形，两端尖。花期6—7月。

位置：曾宪梓堂北院前，园东区125栋附近

○ 水石榕的整体植株

○ 水石榕的花及花苞

○ 水石榕的叶

梧桐科

苹婆属

苹婆

Sterculia nobilis Smith

乔木。树皮黑褐色。叶薄革质，矩圆形或椭圆形，顶端急尖或钝，两面无毛。圆锥花序顶生或腋生，柔弱且披散；花萼钟状，5裂，初时乳白色，后转为淡红色；雄花较多，花药黄色；雌花较少，略大，密被毛，花柱弯曲。蓇葖果鲜红色，厚革质，顶端有喙。花期4—5月，10—11月可见少数植株开第二次花。

产于广东、广西南部、福建东南部、云南南部和台湾。

位置：春晖园到松园湖路旁

○ 苹婆的花序

○ 苹婆的花序及叶

○ 苹婆的未成熟果

假苹婆

Sterculia lanceolata Cav.

乔木。叶椭圆形、披针形或椭圆状披针形,先端急尖,上面无毛,下面几无毛。圆锥花序腋生,密集且多分枝;花淡红色,萼片5枚,向外展开如星状,外面被短柔毛,边缘被缘毛。蓇葖果鲜红色,长卵形或长椭圆形,密被短柔毛。花期4—6月。

产于广东、广西、云南、贵州和四川南部,为我国产苹婆属中分布最广的一种。

位置:校医院前路旁,教育学院前

○ 假苹婆的花

○ 假苹婆的花

○ 校医院前的假苹婆

○ 假苹婆的果(已开裂)

瓶木属

槭叶酒瓶树

Brachychiton acerifolius (A. Cunn. ex G. Don) F. Muell.

也叫"槭叶苹婆""澳洲火焰木"。高大乔木,种名加词"*acerifolius*"指该种植物叶片与槭属(*Acer*)植物叶片相似。其叶片呈掌状深裂,每个叶片裂数不尽相同,为3~7裂,革质,干旱季节会落叶。花朵常在落叶时开放;花瓣5,铃铛状,颜色红艳。

原产于澳大利亚。

位置:测试大楼前,荣光堂旁

○ 荣光堂旁的槭叶酒瓶树

○ 槭叶酒瓶树的叶

○ 槭叶酒瓶树的花序

木棉科

吉贝属

美丽异木棉

Ceiba speciosa (A. St.-Hil.) Ravenna

落叶大乔木，高10～15米。树干下部膨大。幼树树皮浓绿色，密生圆锥状皮刺，侧枝放射状水平伸展或斜向伸展。掌状复叶有小叶5～9片；小叶椭圆形，长11～14厘米。花单生，花冠淡紫红色，中心白色；花瓣5，反卷。蒴果椭圆形。花期冬季，种子次年春季成熟。

位置：文科楼西侧，园东宿舍区

○ 美丽异木棉的花及叶

○ 文科楼旁的美丽异木棉

○ 美丽异木棉的未成熟果及枝叶

木棉属

木棉

Bombax malabaricum DC.

落叶大乔木。树皮灰白色,分枝平展。掌状复叶,小叶5～7片,长圆形至长圆状披针形,全缘,两面均无毛。花单生于枝顶叶腋,通常红色,有时橙红色;花瓣肉质,两面被星状柔毛。蒴果长圆形。花期3—4月,果夏季成熟。

为广州市市花。花可食用,在广东,民间多用以煲汤。

位置:岭南堂北侧,永芳堂前等处

○ 木棉的花

○ 掉落的木棉花

○ 木棉的整体植株

锦葵科

黄花稔属

白背黄花稔

Sida rhombifolia L.

直立亚灌木。分枝多,枝被星状绵毛。叶菱形或长圆状披针形,先端浑圆至短尖,基部宽楔形,边缘具锯齿,上面疏被星状柔毛至近无毛,下面被灰白色星状柔毛。花单生于叶腋;花黄色,花瓣倒卵形,先端圆,基部狭。果半球形,被星状柔毛,顶端具2短芒。花期秋冬季。

产于台湾、福建、广东、广西、贵州、云南、四川和湖北等省区。

全草入药用,有消炎解毒、祛风除湿、止痛之功效。

位置: 校园内零星分布

○ 白背黄花稔的生境

○ 白背黄花稔的花

○ 白背黄花稔的叶

木槿属

 朱槿

Hibiscus rosa-sinensis L.

常绿灌木。小枝疏被星状柔毛。叶阔卵形或狭卵形，先端渐尖，边缘具粗齿或缺刻；背面沿脉有少许疏毛。花单生于叶腋，常下垂；花冠漏斗形，玫瑰红色或淡红色、淡黄色等；花瓣倒卵形，外被疏柔毛。花期全年。

朱槿又称扶桑。《楚辞·九歌·东君》曰：暾将出兮东方，照吾槛兮扶桑。

位置：曾宪梓堂前，熊德龙活动中心旁

○ 熊德龙活动中心旁的朱槿

○ 朱槿的叶

○ 朱槿的花

吊灯扶桑

Hibiscus schizopetalus (Masters) Hook. f.

常绿直立灌木。小枝细瘦,常下垂,平滑无毛。叶椭圆形或长圆形,先端短尖或短渐尖,边缘具齿缺,两面均无毛。花单生于枝端叶腋间,花梗细瘦下垂,平滑无毛或具纤毛,中部具节;花瓣5,红色,深细裂作流苏状,向上反曲;雄蕊柱长而突出,下垂,无毛。蒴果长圆柱形。花期全年。

位置:陈寅恪故居南面

○ 吊灯扶桑的枝叶

○ 吊灯扶桑的整体植株

○ 吊灯扶桑的花

苘麻属

金铃花

Abutilon striatum (Gillies ex Hooker) Walp.

常绿灌木。叶掌状3～5深裂,裂片卵状渐尖形,边缘具锯齿或粗齿。花单生于叶腋,花梗下垂,花萼钟形,裂片5;花冠钟形,橘黄色,具紫色条纹,花瓣5,倒卵形;花药多数集生于花柱顶端。果未见。花期5—10月。

原产于美洲的巴西、乌拉圭等地。我国多地有栽培。

位置:陈序经故居附近

○ 金铃花的叶

○ 金铃花的花

悬铃花属

垂花悬铃花

Malvaviscus arboreus* var. *penduliflorus (DC.) Schery

灌木。小枝被长柔毛。叶卵状披针形,先端长尖,两面近于无毛。花单生于叶腋,花梗被长柔毛;花红色,下垂,筒状,仅于上部略展开。

原产于墨西哥和哥伦比亚。我国广东广州和云南西双版纳等地引种栽培。

位置: 曾宪梓堂北院西南,教职工委员会楼前等处

○ 垂花悬铃花的花

○ 教职工委员会楼前的垂花悬铃花

○ 垂花悬铃花的叶

大戟科

变叶木属

变叶木

Codiaeum variegatum (L.) Rumph. ex A. Juss.

也叫洒金榕。灌木或小乔木，高可达2米。枝条无毛，有明显叶痕。叶薄革质，形状大小变异很大，呈线形、披针形、椭圆形、卵形等，两面无毛，颜色多种。总状花序腋生，雌雄同株异序，雄花白色，花瓣5，远较萼片小；雌花淡黄色，无花瓣。蒴果近球形，稍扁，无毛。花期9—10月。

○ 变叶木的叶

原产于马来半岛至大洋洲。我国南部各省区常见栽培。

位置：生物楼前，春晖园到松园湖路旁等处

○ 生物楼前花圃中的变叶木

大戟属

飞扬草

Euphorbia hirta L.

一年生草本。根纤细，常不分枝，偶3～5分枝。茎单一，自中部向上分枝或不分枝，被褐色或黄褐色的多细胞粗硬毛。叶对生，披针状长圆形、长椭圆状卵形或卵状披针形，先端极尖或钝，边缘于中部以上有细锯齿，中部以下较少或全缘；叶面绿色，叶背灰绿色，有时具紫色斑，两面均具柔毛。花序多数，于叶腋处密集成头状，变化较大，且具柔毛。蒴果三棱状，被短柔毛。花、果期6—12月。

位置：常见于各草坪

○ 飞扬草的生境

○ 飞扬草的花序及枝叶

通奶草

Euphorbia hypericifolia L.

一年生草本。根纤细，常不分枝。茎直立，无毛或被少许短柔毛。叶对生，狭长圆形或倒卵形，先端钝或圆，通常偏斜，不对称，边缘全缘或基部以上具细锯齿；上面深绿色，下面淡绿色，有时略带紫红色，两面被稀疏的柔毛，或上面的毛早脱落。花序数个簇生于叶腋或枝顶；雄花数朵，微伸出总苞外；雌花1朵。蒴果三棱状，无毛，成熟时分裂为3个分果爿。花、果期8—12月。

全草入药，通奶，故得名。

位置：英东体育场附近草坪

○ 通奶草的枝叶

○ 通奶草的花序

○ 通奶草的生境

一品红

Euphorbia pulcherrima Wliid. ex Klotzsch

灌木。根圆柱状，极多分枝。叶互生，绿色，叶背被柔毛；无托叶；苞叶狭椭圆形，朱红色。花序数个聚伞排列于枝顶。蒴果三棱状圆形，平滑无毛。花、果期10月至翌年4月。

原产于中美洲。我国大部分省区有栽培。

位置：教职工活动中心附近，学五食堂附近

○ 一品红的苞叶和总苞

○ 学五食堂旁的一品红

海漆属

红背桂

Excoecaria cochinchinensis Lour.

常绿灌木。叶对生，稀兼有互生或近3片轮生，纸质，顶端长渐尖，腹面绿色，背面紫红或血红色。花单性，雌雄异株，聚集成腋生或稀兼有顶生的总状花序。花期几乎全年。

台湾、广东、广西、云南等地普遍栽培，广西龙州有野生。

位置：校园内常见

○ 红背桂的果

○ 怀士堂旁的红背桂

○ 红背桂的叶背

麻疯树属

麻疯树

Jatropha curcas L.

灌木或小乔木，具水状液汁。树皮平滑。叶纸质，近圆形至卵圆形，顶端短尖，托叶小。花序腋生，苞片披针形。蒴果椭圆状或球形，黄色。花期9—10月。

原产于美洲热带，现广布于全球热带地区。我国福建、台湾、广东、广西等省区有栽培。

位置：春晖园到第一教学楼路旁，曾宪梓堂南院附近

○ 麻疯树的果

○ 曾宪梓堂南院旁的麻疯树

○ 麻疯树的叶

 琴叶珊瑚

Jatropha integerrima Jacq.

常绿灌木,有乳汁且乳汁有毒。单叶互生,倒阔披针形,先端渐尖,叶面平滑。聚伞花序顶生,红色,花单性。蒴果成熟时黑褐色。花期春季至秋季。

原产于西印度群岛。我国南方多有栽培。

位置:校园内常见

○ 测试大楼前的琴叶珊瑚

○ 琴叶珊瑚的花序

○ 琴叶珊瑚的果

秋枫属

秋枫

Bischofia javanica Blume

常绿或半常绿大乔木。树干圆满通直,分枝低,主干较短。树皮灰褐色至棕褐色,砍伤后流出红色汁液,凝结后变瘀血状。三出复叶,稀5小叶;小叶片纸质,顶端急尖或短尾状渐尖,边缘有浅锯齿。花小,雌雄异株,多朵组成腋生的圆锥花序。果实浆果状,淡褐色。花期4—5月,果期8—10月。

产于广东、广西、海南、海南、四川等省区。

木材坚韧耐用,可供建筑物、桥梁等用;果肉可酿酒;树皮可提取红色染料。

位置:社会学与人类学学院附近,马丁堂旁

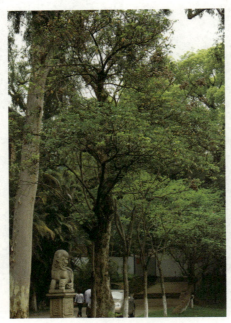

○ 马丁堂旁的秋枫

石栗属

石栗

Aleurites moluccana (L.) Willd.

常绿乔木。树皮暗灰色。嫩枝密被灰褐色星状微柔毛,成长枝近无毛。叶纸质,卵形至椭圆状披针形,嫩叶两面被微绒毛,成长叶上面无毛,下面几无毛。花雌雄同株,同序或者异序;花瓣长圆形,乳白色至乳黄色。核果近球形。花期4—10月。

产于福建、台湾、广东、海南等省区。

位置: 怀士堂附近,岭南路旁

○ 岭南路旁的石栗

○ 石栗的枝叶

○ 石栗的花序

双子叶植物 / 99

铁苋菜属

铁苋菜

Acalypha australis L.

一年生草本。小枝细长,被贴生柔毛,毛逐渐稀疏。叶膜质,长卵形、近菱状卵形或阔披针形,顶端短渐尖,边缘具圆锯,上面无毛,下面沿中脉具柔毛。雌雄花同序,花序腋生,稀顶生,花序轴具短毛;雌花苞片卵状心形,花后增大,边缘具三角形齿,苞腋具雌花1～3朵;雄花生于花序上部,排列成穗状或头状,雄花苞片卵形,苞腋具雄花5～7朵,簇生,雄花花蕾时近球形,无毛。蒴果具3个分果爿。花、果期4—12月。

位置: 松园湖附近等处

○ 铁苋菜的整体植株

○ 铁苋菜的叶

○ 铁苋菜的花序及苞片

乌桕属

乌桕

Sapium sebiferum (L.) Roxb.

乔木,各部均无毛而具乳汁。树皮暗灰色。叶互生,纸质,叶片菱形、菱状卵形或菱状倒卵形,顶端具尖头,叶柄纤细。花单性,雌雄同株,聚集成顶生的总状花序。蒴果梨状球形,成熟时黑色。种子扁球形,黑色,外被白色、蜡质的假种皮。花期4—8月。

在我国,主要分布于黄河以南各省区。

位置:图书馆东门北侧,英东游泳池北侧

○ 英东游泳池附近的乌桕

○ 乌桕的叶序

○ 乌桕的枝叶

血桐属

血桐

Macaranga tanarius var. *tomentosa* (Blume) Müll. Arg.

单叶互生，丛生于枝端，叶片大，盾形、宽卵形或钝三角形；先端呈尾状锐尖，基部浅心形、截形、盾形、钝圆形，波状细锯齿缘，叶柄很长，柄上有白粉。雌雄异株，苞片黄绿色，花萼淡绿色，没有花瓣；雄花多密生形成圆锥花序，成穗开放且密集成簇；雌花花序簇生，花数少。蒴果球形，黄褐色，具软突刺，成熟时裂开释出黑亮的种子。花期12月至翌年5月，果期4—7月。

位置：曾宪梓堂南院旁

○ 血桐的花序

○ 曾宪梓堂南院旁的血桐

○ 血桐的叶

叶下珠属

叶下珠

Phyllanthus urinaria L.

一年生草本。茎通常直立,基部多分枝。枝具翅状纵棱。叶片纸质,因叶柄扭转而呈羽状排列,长圆形或倒卵形,顶端圆、钝或急尖而有小尖头,下面灰绿色,近边缘或边缘有1～3列短粗毛。花雌雄同株,雄花2～4朵簇生于叶腋,通常仅上面一朵开花,下面的很小;雌花单生于小枝中下部的叶腋内,萼片6,近相等,卵状披针形,边缘膜质,黄白色。蒴果圆球状,红色,表面具小凸刺,有宿存的花柱和萼片,开裂后轴柱宿存。花期4—6月,果期7—11月。

位置:广布于校园

○ 叶下珠的枝叶

○ 叶下珠的花序

○ 叶下珠的果序

蔷薇科
蛇莓属

皱果蛇莓

Duchesnea chrysantha (Zoll. et Mor.) Miq.

多年生草本。匍匐茎多数,有柔毛。小叶片倒卵形或菱状长圆形,边缘有锯齿,上面近无毛,下面疏生长柔毛。花单生于叶腋,花瓣倒卵形,黄色;花托在果期膨大,粉红色,无光泽。瘦果红色,具多数明显皱纹,无光泽。花期5—7月,果期6—9月。

产于陕西、四川、云南、广东、广西、福建、台湾。

位置: 广布于校园

○ 皱果蛇莓的果

○ 皱果蛇莓的叶和花

石楠属

闽粤石楠
Photinia benthamiana Hance

灌木或小乔木。小枝密生灰色柔毛,以后脱落,老时灰黑色。叶片纸质,倒卵状长圆形或长圆披针形,先端急尖或圆钝,边缘有疏锯齿,幼时两面均疏生白色长柔毛,后无毛,或仅在下面脉上具少数柔毛。花多数,成顶生复伞房花序,总花梗及花梗均轮生,外有灰色柔毛;花瓣白色,倒卵形或圆形。花期4—5月,果期7—8月。

位置:地球气候与环境系统研究院旁,网球场和英东游泳池附近

○ 闽粤石楠的花序及叶

○ 闽粤石楠的整体植株

樱属

钟花樱桃

Cerasus campanulata (Maxim.) Yu et Li

也叫福建山樱花。乔木或灌木。树皮黑褐色。叶卵形、卵状椭圆形或倒卵状椭圆形,薄革质,边有急尖锯齿,常稍不整齐,上面绿色,下面淡绿色。伞形花序,花2～4朵,先于叶开放;花瓣粉红色,先端颜色较深,下凹,稀全缘。核果卵球形,顶端尖。

产于浙江、福建、台湾、广东、广西。

位置: 梁銶琚堂南侧花园,松园湖旁

○ 梁銶琚堂旁的钟花樱桃

○ 钟花樱桃的花

○ 钟花樱桃的果

含羞草科

海红豆属

海红豆

Adenanthera microsperma Teijsm. et Binn.

落叶乔木。嫩枝被微柔毛。二回羽状复叶；羽片3～5对，小叶4～7对，互生，长圆形或卵形，两端圆钝，两面均被微柔毛。总状花序单生于叶腋或在枝顶排成圆锥花序，被短柔毛；花小，白色或黄色，有香味；花瓣披针形，无毛，基部稍合生。荚果狭长圆形，盘旋，开裂后果瓣旋卷。种子近圆形至椭圆形，鲜红色，有光泽。花期4—7月，果期7—10月。

位置：永芳堂南侧

○ 海红豆的枝叶

○ 永芳堂旁的海红豆

含羞草属

含羞草

Mimosa pudica L.

披散、亚灌木状草本，高可达1米。茎圆柱状，有散生、下弯的钩刺及倒生刺毛。托叶披针形；羽片和小叶触之即闭合而下垂；羽片通常2对，指状排列于总叶柄之顶端；小叶10～20对，线状长圆形，先端急尖，边缘具刚毛。头状花序圆球形，单生或2～3个生于叶腋；花小，淡红色，多数；花冠钟状，裂片4，外面被短柔毛；雄蕊4枚，伸出于花冠之外。荚果长圆形，扁平，稍弯曲，具刺毛。花期3—10月，果期5—11月。

○ 含羞草的叶序

位置：零星分布于草坪中，如广寒宫前的草坪

○ 含羞草的生境

金合欢属

台湾相思

Acacia confusa Merr.

常绿乔木。枝灰色或褐色，无刺，小枝纤细。叶状柄革质，披针形，两面无毛。头状花序球形，单生或2～3个簇生于叶腋；花金黄色。荚果扁平，干时深褐色，有光泽。花期3—10月，果期8—12月。

产于台湾、福建、广东、广西、云南。

位置：熊德龙活动中心附近，松园湖附近等处

○ 台湾相思的枝叶及花

○ 台湾相思的整体植株

朱缨花属

朱缨花

Calliandra haematocephala Hassk.

落叶灌木或小乔木。枝条扩展。托叶卵状披针形，宿存；二回羽状复叶，小叶斜披针形，边缘被疏柔毛。头状花序腋生，有花25～40朵，花萼钟状，绿色；花冠淡紫红色，长约3毫米；雄蕊突露于花冠之外，非常显著，离生的花丝深红色。花期8—9月，果期10—11月。

原产于南美。我国台湾、福建、广东有引种栽培。

位置：校园内常见，如英东体育馆附近

○ 朱缨花的叶序

○ 朱缨花的花序

○ 英东体育馆附近的朱缨花

苏木科

凤凰木属

凤凰木

Delonix regia (Boj.) Raf.

取名于"叶如飞凰之羽,花若丹凤之冠"。高大落叶乔木。树皮粗糙,灰褐色。叶为二回偶数羽状复叶,羽片对生,小叶密集对生,长圆形,两面被绢毛,先端钝。伞房状总状花序顶生或腋生;花大而美丽,鲜红至橙红色,花瓣5,匙形,红色,具黄色及白色花斑,开花后向花萼反卷。荚果带形,扁平,暗红褐色,成熟时黑褐色。花期6—7月,果期8—10月。

位置: 图书馆正门前,英东体育馆前,园东湖旁

○ 凤凰木的花

○ 图书馆前的凤凰木

○ 凤凰木的叶序

决明属

翅荚决明

Cassia alata L.

直立灌木。枝粗壮,绿色。靠腹面的叶柄和叶轴上有2条纵棱条,有狭翅;小叶薄革质,倒卵状长圆形或长圆形,顶端圆钝而有小短尖头。花序顶生和腋生,具长梗;花瓣黄色,有明显的紫色脉纹。荚果长带状。花期11月至翌年1月,果期12月至翌年2月。

位置:园东区170栋附近

○ 翅荚决明的花序

○ 翅荚决明的果

○ 园东区170栋附近的翅荚决明

○ 翅荚决明的叶序

黄槐决明

Cassia surattensis Burm.

灌木或小乔木。分枝多,树皮颇光滑,灰褐色。叶轴及叶柄呈四方形,小叶长椭圆形或卵形,下面粉白色,被长柔毛。总状花序生于枝条上部的叶腋内;花瓣鲜黄色至深黄色,卵形至倒卵形。荚果扁平,带状,开裂,顶端具细长的喙。花、果期几乎全年。

原产于印度、斯里兰卡、印度尼西亚等地。我国广西、广东、福建等省区有栽培。

位置: 西区教育超市附近,生物楼后面,曾宪梓堂北院前

○ 黄槐决明的花

○ 黄槐决明的叶序

○ 黄槐决明的荚果

○ 曾宪梓堂北院前的黄槐决明

腊肠树

Cassia fistula L.

落叶乔木。枝细长，树皮幼时光滑呈灰色，老时粗糙呈暗褐色。小叶对生，薄革质，阔卵形、卵形或长圆形，幼时两面被微柔毛，老时无毛。总状花序长而下垂，疏散；花瓣黄色，倒卵形。荚果圆柱形，长 30～60 厘米，成熟时黑褐色，不开裂。花期 6—8 月，果期 10 月。

原产于印度、缅甸和斯里兰卡。我国南部和西南部各省区均有栽培。

位置：春晖园前的路旁，校医院附近，熊德龙活动中心后面等处

○ 腊肠树的花序

○ 腊肠树的枝叶

○ 春晖园旁的腊肠树

○ 腊肠树的荚果

羊蹄甲属

红花羊蹄甲

Bauhinia blakeana Dunn

乔木。分枝多，小枝细长，被毛。叶革质，近圆形或阔心形，基部心形，上面无毛，下面疏被短柔毛。总状花序顶生或腋生，有时复合成圆锥花序，被短柔毛，花大而美丽；花瓣红紫色，具短柄，倒披针形。通常不结果，花期全年，11月至翌年3月为盛花期。

位置：南门至怀士堂的路旁，园东湖与英东体育场之间的路旁等处

○ 红花羊蹄甲的花

○ 红花羊蹄甲的整体植株

洋紫荆

Bauhinia variegata L.

落叶乔木。树皮暗褐色。枝广展,硬而稍成"之"字弯曲。叶近革质,广卵形至圆形,基部浅至深心形,先端2裂达叶长的1/3。总状花序侧生或顶生,少花,被灰色短柔毛;花瓣长4～5厘米,较红花羊蹄甲的小(后者5～8厘米),具瓣柄,多为淡粉红色,杂以黄绿色及暗紫色的斑纹。荚果带状,扁平。花期全年,3月最盛。

位置: 园东湖南侧路旁

○ 洋紫荆的整体植株

○ 洋紫荆的花

○ 洋紫荆的荚果

白花洋紫荆

Bauhinia variegata var. *candida* (Roxb.) Voigt

为洋紫荆的一个变种。花瓣白色，近轴的一片或全部花瓣杂以淡黄色的斑块。叶下通常被短柔毛。

云南常见野生的。

位置：园东湖南侧路旁

○ 白花洋紫荆的花及枝叶

○ 白花洋紫荆的整体植株

蝶形花科

刺桐属

刺桐

Erythrina variegata L.

大乔木。树皮灰褐色。枝有明显叶痕及短圆锥形的黑色直刺。羽状复叶具3小叶，小叶膜质，宽卵形或菱状卵形，先端渐尖而钝。总状花序顶生，上有密集、成对着生的花；花萼佛焰苞状，花冠红色。荚果黑色，肥厚。花期3月，果期8月。

位置：社会学与人类学学院前，数学楼旁，信息科学与技术学院后，保卫处旁

○ 刺桐的花序

○ 保卫处旁的刺桐

○ 刺桐的叶

鸡冠刺桐

Erythrina crista-galli L.

落叶灌木或小乔木。茎和叶柄稍具皮刺。羽状复叶具3小叶，小叶长卵形或披针状长椭圆形，先端钝圆。总状花序顶生；花深红色，花萼钟状，先端2浅裂。荚果褐色。

原产于巴西。

位置：保卫处与英东体育馆之间

○ 鸡冠刺桐的枝叶

○ 鸡冠刺桐的花序及枝叶

○ 保卫处与英东体育馆之间路旁的鸡冠刺桐

黄檀属

降香黄檀

Dalbergia odorifera T. Chen

乔木。除幼嫩部分、花序及子房略被短柔毛外,全株无毛。树皮褐色或淡褐色,粗糙,有纵裂槽纹。小枝有小而密集的皮孔。羽状复叶,小叶近革质,卵形或椭圆形,复叶顶端的一片小叶最大,往下渐小,先端渐尖或急尖,钝头,基部圆形或阔楔形。圆锥花序腋生,分枝呈伞房花序状;花初时密集于花序分枝顶端,后渐疏离;花冠乳白色或淡黄色。荚果舌状长圆形,基部略被毛,顶端钝或急尖。

位置: 曾宪梓堂北院西侧

○ 曾宪梓堂北院旁的降香黄檀

○ 降香黄檀的枝叶

○ 南岭黄檀的荚果

南岭黄檀

Dalbergia balansae Prain

乔木。树皮灰黑色,粗糙,有纵裂纹。羽状复叶的小叶为皮纸质,长圆形或倒卵状长圆形,先端圆。圆锥花序腋生,疏散,花梗与花萼同被黄褐色短柔毛,花萼钟状;花冠白色,长6～7毫米。荚果舌状或长圆形。花期6月。

产于浙江、福建、广东、海南等省区。

位置:怀士堂到逸夫楼的路旁,松园湖附近等处

○ 怀士堂到逸夫楼路旁的南岭黄檀

黧豆属

白花油麻藤

Mucuna birdwoodiana Tutch.

因花开放时形似禾雀,也叫"禾雀花",国家二类保护植物。常绿、大型木质藤本。老茎外皮灰褐色,断面先流白汁,后有血红色汁液形成。羽状复叶具3小叶,近革质,顶生小叶椭圆形、卵形或略呈倒卵形,先端具渐尖头,侧生小叶偏斜,两面无毛或散生短毛。总状花序生于老枝或叶腋,常呈束状;花冠白色或带绿白色。果木质,近念珠状,密被红褐色短绒毛。花期4—6月,果期6—11月。

位置: 管理学院东面松园湖边,黑石屋附近

○ 白花油麻藤的花序

○ 白花油麻藤的枝叶

○ 黑石屋旁的白花油麻藤

链荚豆属

链荚豆
Alysicarpus vaginalis (L.) DC.

多年生草本,簇生或基部多分枝。茎平卧或上部直立,无毛或稍被短柔毛。叶仅有单小叶,小叶形状及大小变化很大,茎上部小叶通常为卵状长圆形、长圆状披针形至线状披针形,下部小叶为心形、近圆形或卵形,下面稍被短柔毛,全缘。总状花序腋生或顶生,有花6～12朵,成对排列于节上;花冠紫蓝色,略伸出于萼外,旗瓣宽,倒卵形。荚果扁圆柱形,被短柔毛。花期9月,果期9—11月。

产于福建、广东、海南、广西、云南及台湾等省区。

位置: 英东体育场内草坪

○ 链荚豆的植株

○ 链荚豆的花序

落花生属

蔓花生

Arachis duranensis Krapov. et W. C. Greg.

多年生宿根草本植物,株高10～15厘米。叶互生,倒卵形。茎为蔓性,匍匐生长。花腋生,蝶形,金黄色。花期春季至秋季。

既是优良的牧草,又是绿肥和防治水土流失的植物。

原产于亚洲热带及南美洲。

位置:广布于校园内草坪

○ 蔓花生的叶序

○ 蔓花生的花

○ 蔓花生的生境

紫藤属

紫藤

Wisteria sinensis (Sims) Sweet

落叶藤本。嫩枝被白色柔毛,后秃净。奇数羽状复叶,小叶3～6对,纸质,卵状椭圆形至卵状披针形,先端渐尖,小叶柄被柔毛。总状花序15～30厘米;花冠紫色,被细绢毛。荚果倒披针形,密被绒毛。花期4月中旬至5月上旬,果期5—8月。

产于河北以南的黄河流域和长江流域,以及陕西、河南、广西、贵州、云南等省区。

位置:游泳馆东侧,外国语学院门前

○ 紫藤的花序

○ 紫藤的枝叶

金缕梅科

枫香属

枫香

Liquidambar formosana Hance

落叶乔木。树皮灰褐色，方块状剥落。叶薄革质，阔卵状，掌状 3 裂，中央裂片较长，上面绿色，不发亮，下面有短柔毛或秃净，边缘有锯齿。雄性短穗状花序常多个排成总状，雌性头状花序有花 24～43 朵。头状果序圆球形，木质。

树脂供药用，能解毒止痛、止血生肌；根、叶及果实亦入药。木材稍坚硬，可制家具及箱子。

位置：永芳堂东南侧，邮电局东侧

○ 永芳堂旁的枫香

○ 枫香的枝叶

檵木属

红花檵木

Loropetalum chinese var. *rubrum* Yieh

檵木的一个变种。乔木或小乔木。多分枝，小枝有星毛。叶革质，卵形，上面略有粗毛或秃净，下面被星毛，稍带灰白色。花3～8朵簇生，有短花梗，红色；花瓣4，带状，先端圆或钝。花期3—4月。

位置：春晖园附近，梁銶琚堂后面，熊德龙活动中心里等处

○ 红花檵木的枝叶

○ 红花檵木的花

○ 熊德龙活动中心里的红花檵木

木麻黄科

木麻黄属

木麻黄

Casuarina equisetifolia Forst.

乔木。树干通直。幼树树皮赭红色，老树树皮深褐色，不规则纵裂，内皮红色。最末次分出的小枝灰绿色。鳞片状叶每轮通常7片，少6或8片，披针形或三角形，长1～3毫米，紧贴。花雌雄同株或异株。球果状果序椭圆形，小苞片木质。花期4—5月，果期7—10月。

其根系深广，具有耐干旱、抗风沙和耐盐碱的特性，因此，成为热带海岸防风固沙的优良先锋树种。木材坚重，经防腐处理后可作枕木、船底板及建筑用材。

位置：荣光堂东侧，曾宪梓堂南院旁，地理科学学院西北园

○ 曾宪梓堂南院旁的木麻黄

榆科

朴属

朴树

Celtis sinensis Pers.

落叶乔木。树皮灰白色。叶片革质,多为卵形或卵状椭圆形,先端尖至渐尖。果小,一般直径5～7毫米。花期3—4月,果期9—10月。

产于河南、江苏、福建、贵州、广东、台湾等省区。

位置:黑石屋周围,广寒宫北侧,英东游泳池附近

○ 朴树的枝叶

○ 朴树的整体植株

榆属

榔榆

Ulmus parvifolia Jacq.

○ 榔榆的叶序

落叶乔木，冬季叶变为黄色或红色宿存至第二年新叶开放后脱落。树皮灰色或灰褐色，裂成不规则鳞状薄片脱落。叶质地厚，卵状披针形或窄椭圆形，叶面深绿色有光泽，叶背色较浅，幼时被短柔毛，边缘从基部至先端有钝而整齐的单锯齿。花3～6朵簇生于叶腋或排成聚伞花序，花被片4。翅果椭圆形或卵状椭圆形，果翅稍厚。花、果期8—10月。

分布于浙江、福建、台湾、广东、四川等省区。

位置： 黑石屋正门外，梁銶琚堂附近，广寒宫周围

○ 梁銶琚堂附近的榔榆

桑科

波罗蜜属

波罗蜜

Artocarpus heterophyllus Lam.

常绿乔木。树皮厚，黑褐色。叶革质，螺旋状排列，椭圆形或倒卵形，先端钝或渐尖，成熟叶全缘，表面墨绿色，无毛，有光泽，背面浅绿色，略粗糙。花雌雄同株异序。聚花果椭圆形至球形，或不规则形，成熟时黄褐色，表面有坚硬六角形瘤状凸体和粗毛。花期2—3月。

果大，味甜，芳香。

位置：英东体育馆至校医院路旁，园东宿舍区教育超市旁等处

○ 波罗蜜的果和枝叶

○ 保卫处附近的波罗蜜

桂木

Artocarpus nitidus subsp. *lingnanensis* (Merr.) F. M. Jarrett

乔木，主干通直。树皮黑褐色，纵裂。叶互生，革质，两面无毛，长圆状椭圆形至倒卵状椭圆形，全缘或具不规则浅疏锯齿，表面深绿色，背面淡绿色。雄花序头状，倒卵形至长圆形；雌花序近头状。聚花果近球形，表面粗糙被毛，成熟时红色，肉质。花期4—5月。

产于广东、广西、海南等省区。

位置：生物楼前路旁

○ 桂木的花序

○ 桂木的果

○ 生物楼前的桂木

构属

构树

Broussonetia papyrifera (L.) L' Hér. ex Vent.

乔木。树皮暗灰色。小枝密生柔毛。叶螺旋状排列，广卵形至长椭圆状卵形，先端渐尖，基部心形，边缘具粗锯齿，不分裂或3～5裂，表面粗糙，疏生糙毛，背面密被绒毛。花雌雄异株。聚花果成熟时橙红色，肉质。花期4—5月，果期6—7月。产于我国南北各地。

位置：春晖园至管理学院路旁，园东宿舍区篮球场附近等处

○ 构树的枝叶

○ 构树的雄花序

○ 构树的果

榕属

垂叶榕

Ficus benjamina L.

大乔木。树皮灰色,平滑。小枝下垂。叶薄革质,卵形至卵状椭圆形,先端短渐尖,全缘。榕果成对或单生于叶腋,基部缢缩成柄,球形或扁球形,光滑,成熟时黄色或红色;雄花、雌花、瘿花同生于一榕果内。花期8—11月。

位置: 西区篮球场,逸仙路两侧

○ 垂叶榕的枝叶

○ 逸仙路两侧多为垂叶榕

小叶榕

Ficus microcarpa Linn. f.

即我们常说的榕树。常绿大乔木，生气根。叶互生，革质，倒卵形或卵状椭圆形，顶端钝或急尖，全缘。花序托无梗，单生或成对生于叶腋或生于已落叶的小枝上，球形或扁球形，成熟时黄色或淡红色；基生苞片3，宽卵形，宿存；雄花、雌花、瘿花生于同一花序托内。瘦果卵形。花期5—6月。

分布于云南、贵州、广西、广东、台湾、福建、浙江。印度及东南亚各国至澳大利亚都有分布。

位置：校园内常见，如逸仙路两侧有零散分布

○ 小叶榕的果及枝叶

○ 小叶榕的植株

对叶榕

Ficus hispida L.

灌木或小乔木,被糙毛。叶常对生,厚纸质,卵状长椭圆形或倒卵状矩圆形,全缘或有钝齿,表面粗糙,被短粗毛,背面被灰色粗糙毛。榕果腋生或生于落叶枝上,陀螺形,成熟时黄色。花、果期6—7月。

位置: 教工活动中心东面路段

○ 对叶榕的榕果果序

○ 对叶榕的树干

○ 对叶榕的枝叶

高山榕

Ficus altissima Blume

大乔木。树皮灰色,平滑。幼枝绿色,被微柔毛。叶厚革质,广卵形至广卵状椭圆形,先端钝,急尖,两面光滑。榕果成对腋生,椭圆状卵圆形,幼时包藏于早落的风帽状苞片内,成熟时红色或带黄色,顶部脐状凸起。花期3—4月,果期5—7月。

产于海南、广西、云南南部至中部及西北部、四川。

位置:中文堂前

○ 高山榕的榕果

○ 中文堂前的高山榕

○ 高山榕的枝叶及果

印度榕

Ficus elastica Roxb. ex Hornem.

俗称"橡皮树"。乔木。树皮灰白色，平滑。小枝粗壮。叶厚革质，长圆形至椭圆形，全缘，表面深绿色，光亮，背面浅绿色，托叶膜质，深红色，脱落后有明显环状痕。榕果成对生于已落叶枝的叶腋，卵状长椭圆形，黄绿色；雄花、雌花、瘿花同生于榕果内壁。花期冬季。

原产于不丹、印度（锡金）、尼泊尔、印度东北部（阿萨姆）等地。我国云南（瑞丽、盈江、莲山、陇川）在800～1500米处有野生。

位置：梁銶琚堂后面

○ 印度榕幼株

○ 印度榕的叶

枕果榕

Ficus drupacea Thunb.

乔木。树皮灰白色。叶革质，长椭圆形至倒卵状椭圆形，先端骤尖，全缘或微波状，表面无毛，背面被黄褐色短丛卷毛。榕果成对腋生，长椭圆状枕形，无毛，成熟时橙红色至鲜红色，疏生白斑，顶部微成脐状突起；雄花、雌花、瘿花同生于一榕果内。花期初夏。

广东（广州）、海南常见栽培或野生。

位置：贺丹青堂旁，地球气候与环境系统研究院北侧园北路路段

○ 枕果榕的叶

○ 枕果榕的榕果及枝叶

○ 北门附近路边的枕果榕

斜叶榕

Ficus tinctoria subsp. *gibbosa* (Blume) Corner

乔木或附生。叶革质,变异很大,卵状椭圆形或近菱形,两侧极不相等,在同一树上,有全缘的,也有具角棱和角齿的,大小幅度相差很大,大树叶一般长不到13厘米,宽不到5厘米,而附生的叶长超过13厘米,宽5～6厘米,质薄,干后黄绿色。榕果径6～8毫米。花的结构与原种记载相符合。花、果期6—7月。

产于台湾、海南、广西、贵州、云南、西藏东南部(墨脱)、福建。

位置:第一教学楼东北侧345号楼旁

○ 斜叶榕的榕果

○ 斜叶榕的植株

○ 斜叶榕的枝叶,可见明显的不对

菩提树

Ficus religiosa L.

大乔木，幼时附生。树皮灰色，平滑或微具纵纹。小枝灰褐色，幼时被微柔毛。叶革质，三角状卵形，表面深绿色，光亮，先端骤尖，顶部延伸为尾状，全缘或为波状。榕果球形至扁球形，成熟时红色，光滑；雄花、雌花、瘿花生于同一榕果内壁。花期3—4月，果期5—6月。

位置：曾宪梓堂南院旁，图书馆附近，松园湖附近

○ 菩提树的枝叶

○ 松园湖旁的菩提树

荨麻科

冷水花属

花叶冷水花

Pilea cadierei Gagnep.

多年生草本或半灌木，无毛。茎肉质，下部多少木质化。叶多汁，倒卵形，边缘自下部以上有数枚不整齐的浅牙齿或啮齿状，上面深绿色，中央有2条（有时边缘也有2条）间断的白斑，下面淡绿色。花雌雄异株。花期9—11月。

原产于越南中部山区。我国各地温室与中美洲常有栽培供观赏用。

位置：外国语学院附近，图书馆附近，第一教学楼东北侧等处

○ 花叶冷水花的叶

小叶冷水花

Pilea microphylla (L.) Liebm.

○ 小叶冷水花的叶序

也叫"透明草"。纤细小草本，无毛。茎肉质，多分枝。叶很小，倒卵形至匙形，先端钝，全缘，稍反卷，上面绿色，下面浅绿色。花雌雄同株，有时同序，聚伞花序密集成近头状，雄花花被片4，雌花花被片3。花期夏季，果期秋季。

原产于南美洲热带。

本种株型矮小，嫩绿秀丽，花开时植株轻轻颤动，弹散出的花粉犹如一团烟火，景观十分美丽，故在美洲有"礼花草"的美名。

位置：常见于石墙墙壁缝隙中

○ 小叶冷水花的生境

苎麻属

苎麻

Boehmeria nivea (L.) Gaudich.

亚灌木或灌木。茎上部与叶柄均密被开展的长硬毛和近开展的服帖的短糙毛。叶互生，叶片草质，通常圆卵形或宽卵形，边缘在基部之上有齿，上面粗糙，疏被短伏毛，下面密被雪白色毡毛。圆锥花序腋生，雄团伞花序有少数雄花，雌团伞花序有多数密集雌花。瘦果近球形，光滑。花期8—10月。

产于云南、贵州、广西、广东等省区。

苎麻的茎皮纤维细长，韧性好，洁白有光泽，拉力强，富弹性，可织成夏布、人造棉等。短纤维可作为高级纸张、人造丝等的原料。

位置：竹园，曾宪梓堂南、北院附近

○ 苎麻的白色叶背

○ 苎麻的花序

○ 曾宪梓堂南院旁的苎麻

冬青科
冬青属

枸骨
Ilex cornuta Lindl.

常绿灌木或小乔木。叶片厚革质，四角状长圆形或卵形，先端具3枚坚硬刺齿，中央刺齿常反曲，叶面光泽，背面无光泽。花淡黄色，4基数。果球形，成熟时鲜红色，具四角形宿存花萼。花期4—5月，果期10—12月。

产于江苏、浙江、湖北、湖南等省区。

位置：图书馆东侧附近

○ 枸骨的叶

○ 图书馆东侧的枸骨

桑寄生科

钝果寄生属

广寄生

Taxillus chinensis (DC.) Danser

灌木。嫩枝、叶密被锈色星状毛，稍后绒毛呈粉状脱落。叶对生或近对生，厚纸质，卵形至长卵形，顶端圆钝。伞形花序腋生，花序和花被星状毛；花褐色，花冠花蕾时管状顶部卵球形。果椭圆状或近球形，果皮密生小瘤体，具疏毛，成熟果浅黄色。花、果期4月至翌年1月。

全株入药，可治风湿痹痛、腰膝酸痛、胎动、高血压等。

位置：校园内常见

○ 广寄生的果

○ 寄生于荷花玉兰上的广寄生

○ 广寄生的枝叶

芸香科
花椒属

簕欓花椒

Zanthoxylum avicennae (Lam.) DC.

落叶乔木。树干有鸡爪状刺。幼龄树的枝及叶密生刺,各部无毛。有小叶 11～21 片,小叶通常对生或偶有不整齐对生,斜卵形、斜长方形或呈镰刀状;幼苗小叶多为阔卵形,顶部短尖或钝,两侧甚不对称,全缘,或中部以上有疏裂齿。花序顶生,花多;花瓣黄白色,雌花的花瓣比雄花的稍长。分果爿淡紫红色,顶端无芒尖,油点大且多,微凸起。花期 6—8 月,果期 10—12 月,也有 10 月开花的。

位置: 竹园

○ 簕欓花椒的枝叶

黄皮属

黄皮
Clausena lansium (Lour.) Skeels

小乔木。小枝、叶轴、花序轴,尤以未张开的小叶背脉上散生甚多明显凸起的细油点且密被短直毛。小叶卵形或卵状椭圆形,两侧不对称,边缘波浪状或具浅的圆裂齿。圆锥花序顶生,花蕾圆球形;花瓣长圆形,长约5毫米,两面被短毛或内面无毛。果淡黄色至暗黄色,被细毛;果肉乳白色,半透明,可食用。花期4—5月,果期7—8月。

原产于我国南部。

位置:园东宿舍区教育超市对面,永芳堂北侧,英东游泳池西南侧

○ 黄皮的果及枝叶

○ 黄皮的整体植株

九里香属

九里香

Murraya exotica (L.) Jack

小乔木。枝白灰色或淡黄灰色,当年生枝绿色。小叶倒卵形至倒卵状披针形,两侧常不对称,全缘,小叶柄甚短。花序通常顶生,或顶生兼腋生,花多朵聚成伞状;花白色,芳香,花瓣5,长椭圆形,盛花时反折。果橙黄色至朱红色,阔卵形或椭圆形。花期4—8月,果期9—12月。

产于台湾、福建、广东、海南、广西五省区南部。

位置: 英东体育馆附近

○ 九里香的花序

○ 九里香的枝叶

○ 九里香的果

山小橘属

山小橘

Glycosmis pentaphylla (Retz.) Correa

小乔木。小叶硬纸质,长圆形,顶部钝尖或短渐尖,叶缘有疏离而裂的锯齿状裂齿。花序轴、小叶柄及花萼裂片初时被褐锈色微柔毛。圆锥花序腋生及顶生,多花;花瓣早落,白色或淡黄色,油点多。果近圆球形,果皮多油点,淡红色。花期7—10月,果期翌年1—3月。

位置:春晖园附近

○ 山小橘的果

○ 山小橘的果序

楝科
米仔兰属

米仔兰
Aglaia odorata Lour.

灌木或小乔木。茎多小枝，幼枝顶部被星状锈色的鳞片。叶轴和叶柄具狭翅，小叶对生，厚纸质，先端钝，两面无毛。圆锥花序腋生，稍疏散无毛；花芳香，花瓣5，黄色，长圆形或近圆形。浆果卵形或近球形。花期5—12月，果期7月至翌年3月。

产于广东、广西。福建、四川、贵州和云南等省区有栽培。

位置： 教职工委员会楼前

○ 教职工委员会楼前的米仔兰

○ 米仔兰的叶

○ 米仔兰的花序

无患子科
荔枝属

荔枝

Litchi chinensis Sonn.

常绿乔木。树皮灰黑色。小枝红褐色，密生白色皮孔。小叶2~3对，薄革质或革质，披针形或卵状披针形，腹面深绿色，有光泽，背面粉绿色，两面无毛。花序顶生，阔大，多分枝，萼被金黄色短绒毛。果卵圆形至近球形，成熟时通常暗红色至鲜红色。种子全部被肉质假种皮（即可食用部分）包裹。花期春季，果期夏季。

苏轼诗云："日啖荔枝三百颗，不辞长作岭南人。"

位置：西区操场向南小路，图书馆旁

○ 荔枝的未成熟果

○ 图书馆附近的荔枝

○ 荔枝的叶

龙眼属

龙眼

Dimocarpus longan Lour.

常绿乔木。小枝粗壮，被微柔毛。小叶4～5对，薄革质，长圆状椭圆形至长圆状披针形，腹面深绿色，背面粉绿色，无毛。花序大型，多分枝，顶生和近枝顶腋生，密被星状毛；花瓣乳白色，披针形。果近球形，通常黄褐色或有时灰黄色，外面稍粗糙。种子茶褐色，全部被肉质的假种皮包裹。花期春夏季，果期夏季。

位置：马文辉堂前等处

○ 龙眼的叶

○ 龙眼的花序及枝叶

○ 马文辉堂前的龙眼

栾树属

复羽叶栾树

Koelreuteria bipinnata Franch.

乔木。二回羽状复叶，小叶9～17片，互生，稀对生，斜卵形。圆锥花序，分枝广展，与花梗均被柔毛；花瓣4，长圆状披针形，被长柔毛。蒴果椭圆形或近球形，具3棱，淡紫红色，熟时褐色；果瓣椭圆形或近圆形，具网状脉纹，内面有光泽。花期7—9月，果期8—10月。

根入药，有消肿止痛、活血、驱蛔之功效，亦治风热咳嗽；花能清肝明目、清热止咳。

位置：社会学与人类学学院前，竹园

○ 竹园里的复羽叶栾树，左侧为五桠果

○ 复羽叶栾树的枝叶

○ 复羽叶栾树的幼苗

漆树科

杧果属

杧果

Mangifera indica L.

即"芒果"。常绿大乔木。树皮灰褐色。小枝褐色，无毛。叶薄革质，常聚生于枝顶，叶形和大小变化较大，通常为长圆状披针形，边缘皱波状。圆锥花序多花密集，被灰黄色微柔毛；花小，杂性，黄色或淡黄色，开花时花瓣外卷。核果大，肾形，成熟时黄色，中果皮肉质肥厚、味甜，果核坚硬。

位置：春晖园到图书馆路旁，养护院前

○ 养护院前的杧果

人面子属

人面子

***Dracontomelon duperreanum* Pierre**

常绿大乔木。幼枝具条纹,被灰色绒毛。奇数羽状复叶,有小叶5~7对,小叶互生,近革质,长圆形,自下而上逐渐增大,先端渐尖。圆锥花序顶生或腋生,疏被灰色微柔毛;花瓣披针形或狭长圆形,开花时外卷。核果扁球形,成熟时黄色。

产于云南(东南部)、广东、广西。

位置: 图书馆东门北侧等处

○ 人面子的枝叶

○ 图书馆附近的人面子

五加科

鹅掌柴属

鹅掌藤

Schefflera arboricola Hay.

藤状灌木。小枝有不规则纵皱纹，无毛。叶有小叶7～9片，无毛，小叶片革质，倒卵状长圆形或长圆形，上面深绿色有光泽，下面灰绿色。圆锥花序顶生；花白色，花瓣5～6，有3脉。果实卵形，有5棱。花期7月，果期8月。

产于台湾、广西（防城港市）及广东。

位置：校园内常见

○ 松园湖旁的鹅掌藤

○ 鹅掌藤的叶序

幌伞枫属

幌伞枫

Heteropanax fragrans (Roxb.) Seem.

常绿乔木。树皮淡灰棕色。枝无刺。叶大，三至五回羽状复叶，小叶片在羽片轴上对生，纸质，椭圆形，两面无毛。圆锥花序顶生；花淡黄白色，芳香，花瓣5，卵形，外面疏生绒毛。果实卵球形，略侧扁，黑色。花期10—12月，果期翌年2—3月。

分布于云南（西双版纳、河口）、广西（龙州）、广东（广州、云浮、徐闻）等地。

根皮治烧伤、疖肿、蛇咬伤及风热感冒，髓心利尿。

位置：曾宪梓堂南院与北院之间等处

○ 幌伞枫的整体植株

伞形科

茴香属

茴香

Foeniculum vulgare Mill.

草本。茎直立，光滑，灰绿色或苍白色，多分枝。中部或上部叶柄部分或全部呈鞘状，边缘膜质；叶片四至五回羽状全裂，末回裂片线形。复伞形花序顶生与侧生；花瓣黄色，倒卵形或近倒卵圆形，先端有内折的小舌片。果长圆形，主棱5条，尖锐。花期5—6月，果期7—9月。

原产于地中海地区。我国各省区均有栽培。

位置：英东游泳池北侧

○ 茴香的花序

○ 茴香的生境

水芹属

水芹

Oenanthe javanica (Blume) DC.

多年生草本。茎直立或基部匍匐。基生叶有柄，基部有叶鞘；叶片轮廓三角形，一至二回羽状分裂，末回裂片卵形至菱状披针形，边缘有牙齿或圆齿状锯齿；茎上部叶无柄，裂片和基生叶的裂片相似，较小。复伞形花序顶生，小伞形花序有花20余朵；花瓣白色，倒卵形。果实近于四角状椭圆形或筒状长圆形，侧棱较背棱和中棱隆起，木栓质。花期6—7月，果期8—9月。

○ 水芹的花序

位置： 常见于各草坪、花坛

○ 水芹的生境

天胡荽属

香菇草

Hydrocotyle vulgaris L.

也叫"少脉天胡荽"。多年生挺水或湿生观赏植物。植株具有蔓生性，节上常生根。茎顶端呈褐色。叶互生，具长柄，圆盾形，直径2～4厘米，缘波状，草绿色，叶脉15～20条放射状。花两性，伞形花序，小花白色。花期6—8月。

位置： 竹园，岐关车站附近

○ 香菇草的花枝

○ 香菇草的叶

杜鹃科

杜鹃属

锦绣杜鹃

Rhododendron pulchrum Sweet

半常绿灌木。枝开展,淡灰褐色,被淡棕色糙伏毛。叶薄草质,先端钝尖,边缘反卷,上面深绿色,下面淡绿色且被微柔毛和糙伏毛。伞形花序顶生,有花1～5朵;花萼大,绿色,被糙伏毛;花冠玫瑰紫色,阔漏斗形,具深红色斑点。蒴果长圆形卵球状。花期4—5月,果期9—10月。

产于广东、广西、湖南、湖北等省区。

位置:曾宪梓堂前面,春晖园至松园湖的路旁

○ 锦绣杜鹃的花序

○ 曾宪梓堂前的锦绣杜鹃

白花杜鹃

Rhododendron mucronatum (Blume) G. Don

半常绿灌木。幼枝开展，分枝多，密被灰褐色开展的长柔毛。叶纸质，披针形至卵状披针形，先端钝尖至圆形，上面深绿色，疏被灰褐色贴生长糙伏毛。伞形花序顶生，具花1~3朵；花冠白色，有时淡红色，阔漏斗形，5深裂。蒴果圆锥状卵球形。花期4—5月，果期6—7月。

产于江苏、浙江、江西、福建、广东、广西、四川和云南。

位置：曾宪梓堂北院前

○ 白花杜鹃的花序

○ 曾宪梓堂北院前的白花杜鹃

柿科

柿属

柿

Diospyros kaki Thunb.

乔木。树皮鳞片状开裂。叶椭圆状卵形、矩圆状卵形或倒卵形，基部宽楔形或近圆形，下面淡绿色，有褐色柔毛。花雌雄异株或同株，雄花成短聚伞花序，雌花单生叶腋；花萼4深裂，果熟时增大；花冠白色，4裂，有毛。浆果卵圆形或扁球形，橙黄色或鲜黄色，花萼宿存。

全国各地普遍栽培。

果可酿酒或制柿饼，柿霜及柿蒂入药，柿漆供油伞用。

位置：松园湖北侧

○ 柿的枝叶

○ 柿的花

○ 松园湖旁的柿

光叶柿

Diospyros diversilimba Merr. et Chun

灌木或乔木。树皮灰色。枝红褐色或近灰色，小枝纤细，黄褐色，被灰白色的短柔毛。叶纸质，多数长圆形或倒卵状长圆形，上面深绿色，下面浅绿色。雌花生在当年生枝下，腋生，单生，芳香，浅黄色，花冠壶状。果球形，嫩时绿色，熟时黑色，光滑无毛；宿存萼于果期增厚，裂片长圆形，向后反曲。花期4—5月，果期8—12月。

位置：熊德龙活动中心西侧，陈嘉庚故居西侧路旁

○ 正在开花结果的光叶柿（雌株）（由赵万义拍摄）

○ 光叶柿的植株

山榄科

铁线子属

人心果

Manilkara zapota (L.) van Royen

乔木。小枝茶褐色,具明显的叶痕。叶互生,密聚于枝顶,革质,长圆形或卵状椭圆形,先端急尖或钝,全缘或稀微波状,两面无毛,具光泽。花1~2朵生于枝顶叶腋,花冠白色,花冠裂片卵形,先端具不规则的细齿,背部两侧具2枚等大的花瓣状附属物。浆果纺锤形、卵形或球形,褐色;果肉黄褐色,可食用。花、果期4—9月。

原产于美洲热带地区。我国广东、广西、云南(西双版纳)有栽培。

位置: 紫荆园南侧,第三教学楼东侧

○ 人心果的整体植株

○ 人心果的叶序

○ 人心果的果

马钱科

灰莉属

灰莉

Fagraea ceilanica Thunb.

乔木,有时附生于其他树上呈攀缘状灌木。树皮灰色。叶片稍肉质,干后变纸质或近革质,椭圆形、卵形、倒卵形或长圆形,叶面深绿色。花单生或组成顶生二歧聚伞花序;花萼绿色,革质;花冠漏斗状,质薄,稍带肉质,白色,芳香。浆果卵状或近圆球状,顶端有尖喙。花期4—8月,果期7月至翌年3月。

位置: 校园内常见

○ 灰莉的整体植株

○ 灰莉的枝叶

木樨科

木樨属

木樨

Osmanthus fragrans (Thunb.) Lour.

俗称"桂花"。常绿乔木或灌木。树皮灰褐色。小枝黄褐色，无毛。叶革质，全缘或通常上半部具细锯齿，两面无毛。聚伞花序簇生于叶腋，花极芳香；花冠白色、淡黄色、黄色或橘红色。果歪斜，椭圆形，紫黑色。花期9—10月上旬，果期翌年3月。

桂花根据花色不同可分为丹桂、金桂、银桂等。校园中的桂花多为四季桂，花期几乎全年，花色较淡。

位置：常见于各苗圃中，植株较小

○ 熊德龙活动中心旁的木樨

○ 木樨的花及叶

女贞属

小蜡
Ligustrum sinense Lour.

灌木。枝条密生短柔毛。叶薄革质，椭圆形至椭圆状矩圆形，顶端锐尖或钝，基部圆形或宽楔形；下面，特别是沿中脉处有短柔毛。圆锥花序有短柔毛；花白色，花梗明显；雄蕊超出花冠裂片。核果近圆形。

分布于长江以南各省区。

果实可酿酒，种子可制肥皂，茎皮纤维可制人造棉；药用可抗感染、止咳。

位置：园东湖南侧，园东区 330 栋旁

○ 小蜡的花序

○ 园东湖旁的小蜡

素馨属

茉莉花

Jasminum sambac (L.) Ait.

直立或攀缘灌木。叶对生,单叶,叶片纸质,圆形、椭圆形、卵状椭圆形或倒卵状,两端圆或钝。聚伞花序顶生,通常有花3朵,有时单花或多达5朵;花极芳香,花冠白色,先端圆或钝。果球形,呈紫黑色。花期5—8月,果期7—9月。

位置:园东区120栋前的花坛,图书馆正面北侧附近花坛

○ 开放的茉莉花

○ 园东区120栋楼下的茉莉花

○ 茉莉花的叶序

夹竹桃科

狗牙花属

狗牙花

Ervatamia divaricata (L.) Burk. cv. 'Gouyahua'

灌木。枝和小枝灰绿色，有皮孔。叶坚纸质，椭圆形或椭圆状长圆形。聚伞花序腋生，通常双生，近小枝端部集成假二歧状；花冠白色，萼片有缘毛。花期6—11月，果期秋季。

云南南部有野生，广西、广东和台湾等省区有栽培。

位置： 春晖园到第一教学楼路旁，逸夫楼往西区住宅区路旁

○ 狗牙花的花

○ 狗牙花的花苞及枝叶

海杧果属

海杧果

Cerbera manghas L.

乔木。树皮灰褐色。枝条粗，绿色，全株具丰富乳汁。叶厚纸质，倒卵状长圆形或倒卵状披针形，顶端钝或短渐尖，叶面深绿色，叶背浅绿色。花白色，芳香，花冠筒圆筒形，上部膨胀，下部缩小。核果双生或单个，阔卵形或球形，外果皮纤维质或木质，未成熟时绿色，成熟时橙黄色。花期3—10月，果期7月至翌年4月。

○ 海杧果的花序

果皮含海杧果碱、毒性苦味素、生物碱氰酸，毒性强烈，人、畜误食能致死；树皮、叶、乳汁能制药剂，有催吐、下泻、堕胎效用，多服能致死。

位置：图书馆附近等处

○ 图书馆前的海杧果

○ 海杧果的叶序

黄蝉属

黄蝉

Allemanda neriifolia Hook.

直立灌木,具乳汁,乳汁有毒。枝条灰白色。叶3~5片轮生,椭圆形或倒卵状长圆形,先端渐尖或急尖,叶面深绿色,叶背浅绿色。聚伞花序顶生;花橙黄色,苞片披针形,花萼裂片披针形,花冠漏斗状,内面具红褐色条纹,花冠裂片向左覆盖。蒴果球形,具长刺。花期5—8月,果期10—12月。

位置: 南门附近等处

○ 南门附近的黄蝉

○ 黄蝉的花

○ 黄蝉的叶序

黄花夹竹桃属

黄花夹竹桃

Thevetia peruviana (Pers.) K. Schum.

乔木。树皮棕褐色。多枝柔软，小枝下垂，全株具丰富乳汁。叶互生，近革质，无柄，线形或线状披针形，光亮，边稍背卷。花大，黄色，具香味，顶生聚伞花序；花冠漏斗状，花冠裂片向左覆盖。核果扁三角状球形，内果皮木质，生时亮绿色，干时黑色。花期5—12月，果期8月至翌年春季。

树液和种子有毒，误食可致命。

位置：曾宪梓堂附近，地球气候与环境系统研究院大楼附近

○ 黄花夹竹桃的花和枝叶

○ 地球气候与环境系统研究院附近的黄花夹竹桃

鸡蛋花属

鸡蛋花

Plumeria rubra L. cv. 'Acutifolia'

○ 鸡蛋花的花

落叶小乔木。枝条粗壮,带肉质,具丰富乳汁。叶厚纸质,长圆状披针形或长椭圆形,顶端短渐尖,叶面深绿色,叶背浅绿色。聚伞花序顶生;花冠外面白色,花冠筒外面及裂片外面左边略带淡红色斑纹,花冠内面黄色;花冠裂片阔倒卵形,顶端圆,基部向左覆盖。花期5—10月,极少结果,果期一般7—12月。

在我国云南西双版纳以及东南亚一些国家,鸡蛋花被佛教寺院定为"五树六花"之一而被广泛栽种,故又名"庙树"或"塔树"。

位置：英东体育馆附近,熊德龙活动中心附近,马文辉堂前

○ 马文辉堂前的鸡蛋花

○ 鸡蛋花的花及枝叶

红鸡蛋花

Plumeria rubra L.

小乔木。枝叶特征与鸡蛋花相近,花冠深红色。花期3—9月。

原产于南美洲,现广植于亚洲热带和亚热带地区。我国南部有栽培,多作观赏用。

位置:马文辉堂前,紫荆园前

○ 掉落的红鸡蛋花

○ 马文辉堂前的红鸡蛋花

○ 红鸡蛋花的花及叶

鸡骨常山属

糖胶树

Alstonia scholaris (L.) R. Br.

乔木。枝轮生，具乳汁，无毛。叶3～8片轮生，倒卵状长圆形、倒披针形或匙形，无毛，顶端圆形、钝或微凹。花白色，多朵组成稠密的聚伞花序，顶生，被柔毛；花冠高脚碟状。花期6—11月，果期10月至翌年4月。

乳汁丰富，可作为口香糖原料，故称为"糖胶树"。花有较重气味，不好闻。

位置： 春晖园附近

○ 糖胶树的叶

○ 春晖园附近的糖胶树

夹竹桃属

夹竹桃

Nerium indicum Mill.

常绿直立大灌木。枝条灰绿色，嫩枝具棱，被微毛。叶3～4片轮生，下枝为对生，窄披针形，顶端急尖，叶缘反卷，叶面深绿色，叶背浅绿色。聚伞花序顶生；花冠深红色或粉红色，栽培演变有白色或黄色；花冠单瓣时呈5裂，漏斗状，重瓣时15～18枚，裂片组成三轮。花期几乎全年，夏秋最盛。

全国各省区均有栽培。

位置：紫荆园前

○ 夹竹桃的花

○ 紫荆园前的夹竹桃

○ 夹竹桃的叶序

长春花属

长春花

Catharanthus roseus (L.) G. Don.

半灌木。略有分枝,有水液,茎近方形,有条纹,灰绿色。叶膜质,倒卵状长圆形,先端浑圆,有短尖头。聚伞花序腋生或顶生,有花2～3朵;花冠红色,高脚碟状,花冠筒圆筒状,花冠裂片宽倒卵形。花、果期几乎全年。

位置:梁銶琚堂附近等处

○ 长春花的整体植株

○ 长春花的花

○ 长春花的叶

倒吊笔属

倒吊笔

Wrightia pubescens R. Br.

乔木,含乳汁。树皮黄灰褐色,浅裂。小枝被黄色柔毛,老时毛渐脱落,密生皮孔。叶坚纸质,长圆状披针形、卵圆形或卵状长圆形,顶端短渐尖;叶面深绿色被微柔毛,叶背浅绿色密被柔毛。聚伞花序长约5厘米;花冠漏斗状,白色、浅黄色或粉红色,副花冠分裂成流苏状。蓇葖果两个连生,线状披针形,灰褐色。花期4—8月,果期8月至翌年2月。

○ 倒吊笔的花

位置:黑石屋南侧,外国语学院前面路旁

○ 倒吊笔的植株

○ 倒吊笔的果

络石属

络石

Trachelospermum jasminoides (Lindl.) Lem.

常绿木质藤本。叶革质或近革质，椭圆形至卵状椭圆形或宽倒卵形，顶端锐尖至渐尖或钝，叶面无毛。二歧聚伞花序腋生或顶生；花白色，芳香；花萼5深裂，裂片线状披针形，顶部反卷。蓇葖果双生，无毛，线状披针形。花期3—7月，果期7—12月。

本种分布很广，我国多数省区有分布。常缠绕于树上或攀缘于墙壁上、岩石上，也有被移栽至园圃中供观赏。

位置：图书馆附近等的乔木上

○ 络石的花及枝叶（由刘成一拍摄）

○ 络石的生境（由刘成一拍摄）

萝藦科

马利筋属

马利筋

Asclepias curassavica L.

多年生直立草本，灌木状，全株有白色乳汁。全株有毒。茎无毛或在脉上有微毛。叶膜质，披针形至椭圆状披针形，基部下延至叶柄。聚伞花序，着花10～20朵；花冠紫红色，反折，副花冠生于合蕊冠上，黄色。蓇葖果披针形，两端渐尖。花期几乎全年，果期8—10月。

原产于拉丁美洲和西印度群岛。我国广东、广西、云南、贵州等省区有栽培。

位置： 竹园

○ 马利筋的花序

○ 竹园中种植的马利筋

○ 马利筋的蓇葖果（已开裂）

球兰属

球兰

Hoya carnosa (L. f.) R. Br.

攀缘灌木，附生于树上或石上。叶对生，肉质，卵圆形至卵圆状长圆形。聚伞花序腋生，有花约30朵；花白色，直径2厘米；花冠辐状，副花冠星状。蓇葖果线形，光滑。花期4—6月，果期7—8月。

产于云南、广西、广东、福建、台湾等省区。

位置：陆佑堂附近

○ 球兰的花序（由刘成一拍摄）

○ 球兰的生境（由刘成一拍摄）

茜草科

耳草属

伞房花耳草

Hedyotis corymbosa (L.) Lam.

一年生柔弱披散草本。茎和枝方柱形，无毛或棱上疏被短柔毛，分枝多，直立或蔓生。叶对生，近无柄，膜质，线形，罕有狭披针形，两面略粗糙或上面的中脉上有极稀疏短柔毛。花序腋生，伞房花序式排列，有花2～4朵，罕有退化为单花，花4数；花冠白色或粉红色，管形，花冠裂片长圆形。蒴果膜质，球形。花、果期几乎全年。

产于广东、广西、浙江、海南、福建等省区。

位置：常见于各草坪、砖缝中

○ 伞房花耳草的生境

○ 伞房花耳草的花/果序

龙船花属

龙船花

Ixora chinensis Lam.

灌木。小枝初时深褐色,老时灰色。叶对生,有时几成4轮生,披针形,顶端钝或圆形。花序顶生,多花,总花梗与分枝均呈红色;花冠红色或红黄色,顶部4裂,裂片扩展或外反。花期5—7月。

产于福建、广东、香港、广西。

位置:第三教学楼后面,保卫处旁,中文堂附近

○ 龙船花的花序

○ 保卫处旁的龙船花

玉叶金花属

玉叶金花

Mussaenda pubescens Dryand.

攀缘灌木。嫩枝被贴服短柔毛。叶对生和轮生,卵状矩圆形或卵状披针形,顶端渐尖,上面无毛或被疏毛,下面密被短柔毛。聚伞花序顶生,稠密,有极短的总花梗和被毛的条形苞片;花裂片5,被毛,无梗,萼筒陀螺状,一些花的一枚裂片扩大成叶状,白色,宽椭圆形;花冠黄色,内面有金黄色粉末状小凸点。果肉质,近椭圆形,干后黑色。

产于广东、香港、海南、广西、福建、湖南、江西、浙江和台湾。

位置: 竹园,东北区345栋东南侧等处

○ 玉叶金花的花序及叶

长隔木属

长隔木

Hamelia patens Jacq.

红色灌木,嫩部均被灰色短柔毛。叶常3片轮生,椭圆状卵圆形至长圆形,顶端短尖或渐尖。聚伞花序有3～5个放射状分枝;花冠橙红色,冠管狭圆筒状,雄蕊稍伸出。浆果卵圆状,暗红色或紫色。

原产于巴拉圭等拉丁美洲各国。我国南部和西南部有栽培。

位置:马文辉堂前

○ 长隔木的花序

○ 马文辉堂前的长隔木

○ 长隔木的枝叶

栀子属

白蟾

Gardenia jasminoides var. *fortuneana* (Lindl.) H. Hara

本种为栀子的变种。灌木。枝常被短毛。叶对生，革质，稀为纸质，少为3片轮生，叶形多样，通常为长圆状披针形、倒卵状长圆形、倒卵形或椭圆形，两面常无毛，上面亮绿，下面色较暗。花芳香，重瓣，通常单朵生于枝顶；花冠白色或乳黄色，高脚碟状，喉部有疏柔毛，顶部5～8裂，通常6裂，裂片广展，倒卵形或倒卵状长圆形。果卵形、近球形、椭圆形或长圆形，黄色或橙红色，有翅状纵棱5～9条，顶部有宿存萼片。花期3—7月，果期5月至翌年2月。

○ 白蟾的花

位置：测试大楼南侧

○ 测试大楼旁的白蟾

○ 白蟾的叶及花苞

丰花草属

丰花草

Spermacoce pusilla Wall.

一年生直立、纤细草本。茎单生,很少分枝,四棱柱形,粗糙。叶近无柄,革质,线状长圆形,顶端渐尖,两面粗糙。花多朵丛生成球状生于托叶鞘内,无梗;花冠近漏斗形,白色,顶端略红,冠管极狭,柔弱,无毛,顶部4裂。蒴果长圆形或近倒卵形,近顶部被毛,成熟时从顶部开裂至基部。花、果期10—12月。

产于安徽、浙江、江西、台湾、广东、香港、海南、广西、四川、贵州、云南。

位置: 广布于校园

○ 丰花草的花序

○ 丰花草的整体植株

忍冬科

荚蒾属

珊瑚树

Viburnum odoratissimum Ker-Gawl.

○ 珊瑚树的花序及枝叶

常绿灌木或小乔木。叶革质，椭圆形至椭圆状矩圆形，顶端尖至近圆形，边全缘或不规则浅波状钝齿。圆锥花序顶生或生于侧生短枝上，广金字塔形；花芳香；花冠白色，后变黄色，有时微红，辐状，裂片5。核果卵状矩圆形，先红后黑。花期4—5月（有时不定期开花），果熟期7—9月。

分布于云南、贵州、广西、广东、湖南、江西、福建、台湾、浙江。

位置： 逸夫楼与中国邮政营业厅之间路旁

○ 逸夫楼后的珊瑚树

忍冬属

 忍冬

Lonicera japonica Thunb.

也叫"金银花"。半常绿藤本。幼枝红褐色。叶纸质，卵形至矩圆状卵形，有时卵状披针形，顶端尖或渐尖，少有钝、圆或微凹缺，上面深绿色，下面淡绿色；小枝上部叶通常两面均密被短糙毛，下部叶常平滑无毛而下面多少带青灰色。总花梗通常单生于小枝上部叶腋；花冠白色，有时基部向阳面呈微红，后变黄色，唇形，筒稍长于唇瓣，外被多少倒生的开展或半开展糙毛和长腺毛，上唇裂片顶端钝形，下唇带状而反曲。果实圆形，熟时蓝黑色，有光泽。花期4—6月（秋季亦常开花），果熟期10—11月。

位置： 英东游泳池东侧花架

○ 忍冬的花序

菊科

鬼针草属

白花鬼针草

Bidens pilosa var. *radiata* Sch.-Bip.

一年生草本。茎直立，钝四棱形，无毛或上部被稀疏柔毛。茎下部叶较小，通常开花前枯萎；中部叶具柄，三出，小叶3片，边缘有锯齿，顶生小叶较大；上部叶小，3裂或不分裂。头状花序，具5～7朵白色舌状花，盘花筒状。瘦果黑色，条形，稍扁。

位置： 广布于校园

○ 白花鬼针草的花序

○ 白花鬼针草的生境

○ 白花鬼针草的果序

黄鹌菜属

黄鹌菜
Youngia japonica (L.) DC.

一年生草本。茎直立，单生或少数簇生，顶端伞房花序状分枝或下部有长分枝。基生叶大头羽状深裂或全裂，极少不裂的；顶裂片顶端圆形或急尖，边缘有锯齿或几全缘；全部叶及叶柄被柔毛。头状花序含 10～20 朵舌状小花，黄色。瘦果纺锤形，压扁状，褐色或红褐色，冠毛糙毛状。花、果期 4—10 月。

位置：广布于校园

○ 黄鹌菜的生境

○ 黄鹌菜的花序

○ 黄鹌菜的果序

鳢肠属

 鳢肠

Eclipta prostrata (L.) L.

一年生草本。茎直立、斜升或平卧，通常自基部分枝，被贴生糙毛。叶长圆状披针形或披针形，顶端尖或渐尖，边缘有细锯齿或有时仅波状，两面被密硬糙毛。头状花序；外围的雌花2层，舌状，舌片短，顶端2浅裂或全缘；中央的两性花多数，花冠管状，白色。瘦果暗褐色，雌花的瘦果三棱形，两性花的瘦果扁四棱形，顶端截形，具1～3个细齿，边缘具白色的肋，表面有小瘤状突起，无毛。花期6—9月。

产于全国各省区。

位置：广布于校园

○ 鳢肠的花及叶

蟛蜞菊属

美洲蟛蜞菊
Sphagneticola trilobata (L.) Pruski

茎平卧，无毛或被短柔毛，节上生根。叶对生，多汁，椭圆形至披针形，通常3裂，裂片三角形，具疏齿，先端急尖，无毛或散生短柔毛，有时粗糙。头状花序腋生，具长梗，苞片披针形，具缘毛；舌状花4~8，黄色，先端具3~4齿，能育；盘花多数，黄色。瘦果棍棒状，具角，黑色。

○ 美洲蟛蜞菊的花序

位置：校园内常见

○ 美洲蟛蜞菊的叶

秋英属

秋英

Cosmos bipinnata Cav.

一年生或多年生草本。根纺锤状,多须根。茎无毛或稍被柔毛。叶二次羽状深裂,裂片线形或丝状线形。头状花序单生,舌状花紫红色、粉红色或白色,舌片椭圆状倒卵形,有3～5钝齿;管状花黄色,有披针状裂片。瘦果黑紫色,无毛,上端具长喙。花期6—8月,果期9—10月。

原产于墨西哥。我国广泛栽培。

位置: 园东区168栋附近

○ 秋英的花序

○ 秋英的整体植株

豨莶属

豨莶

Siegesbeckia orientalis L.

○ 豨莶的花

一年生草本，全株被灰白色短柔毛。基部叶在花期枯萎；中部叶纸质，三角状卵形或卵状披针形，基部下延成具翅的柄，边缘有不规则的浅裂或粗齿；上部叶渐小，卵状长圆形，边缘浅波状或全缘。头状花序多数，排成顶生具叶的圆锥花序，总苞阔钟形，总苞片2层，叶质，背面被紫褐色头状具柄的腺毛，外层5～6片，线状匙形或匙形，开展，内层的卵状长圆形或卵圆形，半包瘦果。花期4—9月，果期6—11月。

位置：广布于校园

○ 豨莶的整体植株

○ 豨莶的枝叶

野茼蒿属

野茼蒿

Crassocephalum crepidioides (Benth.) S. Moore

也叫"革命菜"。直立草本。茎有纵条棱，无毛。叶膜质，椭圆形或长圆状椭圆形，顶端渐尖，边缘有不规则锯齿或重锯齿，或有时基部羽状裂，两面无毛或近无毛。头状花序数个在茎端排成伞房状，总苞钟状，小花全部管状，两性；花冠红褐色或橙红色，檐部5齿裂。瘦果狭圆柱形，赤红色，有肋，被毛。花期7—12月。

产于江西、福建、湖南、湖北、广东、广西等省区。

位置：校园内常见

○ 野茼蒿的头状花序

○ 野茼蒿的整体植株

紫菀属

钻叶紫菀

Aster subulatus (Michx.) Hort. ex Michx

一年生草本。茎基部略带红色，上部有分枝。叶互生，无柄；基部叶倒披针形，花期凋落；中部叶线状披针形，先端尖或钝，全缘；上部叶渐狭线形。头状花序顶生，排成圆锥花序；舌状花细狭、小，红色；管状花多数，白色。瘦果略有毛。花期9—11月。

位置：南门停车场附近，园东区篮球场旁

○ 钻叶紫菀的花序

○ 钻叶紫菀的整体植株

○ 钻叶紫菀的枝叶

○ 钻叶紫菀的果序

车前科
车前属

车前
Plantago asiatica Ledeb.

多年生草本，有须根。基生叶直立，卵形或宽卵形，顶端圆钝，边缘近全缘、波状，或有疏钝齿至弯缺，两面无毛或有短柔毛。穗状花序在上端 1/3～1/2 处，具绿白色疏生花；苞片宽三角形，较萼裂片短，二者均有绿色宽龙骨状突起。蒴果椭圆形或矩圆形，黑棕色。

全国几乎有分布。

全草和种子药用，有清热利尿的作用。

位置：常见于各草坪

○ 车前的花序

○ 车前的生境

半边莲科
半边莲属

半边莲
Lobelia chinensis Lour.

多年生草本。茎细弱，匍匐，节上生根，无毛。叶互生，无柄或近无柄，椭圆状披针形至条形，先端急尖，全缘或顶部有明显的锯齿，无毛。花通常1朵，生于分枝的上部叶腋，裂片披针形，全缘或下部有一对小齿；花冠粉红色或白色，背面裂至基部，喉部以下生白色柔毛，裂片全部平展于下方，呈一个平面，两侧裂片披针形，较长，中间3枚裂片椭圆状披针形，较短。蒴果倒锥状。花、果期5—10月。

位置：园东区篮球场旁及168栋附近草坪

○ 半边莲的花

○ 半边莲的生境

紫草科

基及树属

基及树

Carmona microphylla (Lam.) G. Don

灌木。树皮褐色,多分枝。叶革质,倒卵形或匙形,具粗圆齿,上面有短硬毛或斑点,下面近无毛。团伞花序开展,花梗极短,或近无梗;花冠钟状,白色,或稍带红色。核果先端有短喙。

产于广东西南部、海南及台湾。

位置:校园内常见

○ 基及树的枝叶

○ 基及树的花

茄科

茄属

少花龙葵

Solanum americanum Miller

又叫"白花菜"。纤弱草本，茎无毛或近于无毛。叶薄，卵形至卵状长圆形，先端渐尖，基部下延至叶柄成翅，边缘波状或有不规则粗齿，两面均具疏柔毛。花序近伞形，腋外生，具微柔毛；花冠白色，裂片卵状披针形。浆果球状，幼时绿色，成熟后黑色。花、果期几乎全年。

产于云南南部、江西、湖南、广西、广东、台湾等地。

叶可食用。

位置： 广布于校园

○ 少花龙葵的花及枝叶

○ 少花龙葵的成熟果果序

○ 少花龙葵的整体植株

水茄

***Solanum torvum* Swartz**

灌木。小枝疏具基部宽扁的皮刺,皮刺淡黄色,基部疏被星状毛。叶单生或双生,卵形至椭圆形,先端尖,基部心脏形或楔形,两边不相等,边缘半裂或作波状,上面绿色,毛被较下面薄,下面灰绿色,密被分枝多而具柄的星状毛。伞房花序腋外生,毛被厚;花白色,花冠辐形,先端5裂,裂片卵状披针形,先端渐尖。浆果黄色,光滑无毛,圆球形。全年均开花结果。

产于云南(东南部、南部及西南部)、广西、广东、台湾。

位置: 竹园

○ 竹园中的水茄

○ 水茄的皮刺

旋花科

番薯属

五爪金龙

Ipomoea cairica (L.) Sweet

多年生缠绕草本，全体无毛，老时根上具块根。叶掌状5深裂或全裂，叶片卵状披针形、卵形或椭圆形，中裂片较大，全缘或不规则微波状。聚伞花序腋生；花冠紫红色、紫色或淡红色，偶有白色，漏斗状。蒴果近球形，4瓣裂。

产于台湾、福建、广东及其沿海岛屿、广西、云南。

位置： 竹园等处

○ 五爪金龙的叶

○ 五爪金龙的生境及花

玄参科
爆仗竹属

爆仗竹

Russelia equisetiformis Schlecht. et Cham.

直立草本，几乎无叶，全株无毛。茎四棱形，枝顶端下垂。叶小，散生，叶片长不及1.5厘米，大部分退化为鳞片。小聚伞花序有花1～3朵；花冠鲜红色，长筒状，不明显2唇形，上唇2裂，下唇3裂。蒴果球形。花期4—7月。

位置：第一教学楼东侧路旁

○ 爆仗竹的花

○ 爆仗竹的枝叶

过长沙舅属

黄花过长沙舅

Mecardonia procumbens (P. Mill.) Small

又名"伏胁花";中文名来自台湾,"过长沙"是台湾叫法,大陆称为假马齿苋,开白花;"舅"取意"外甥似舅",即相近的意思;全名意思是"近似假马齿苋但开黄花的植物"。匍匐草本。茎四棱形。叶对生,叶缘有锯齿。花两性,腋生,苞片2,花萼5裂;花冠黄色,花瓣5,上唇2裂或微凹,下唇3裂。果实为蒴果。

原产于美洲,在我国广东、台湾等省区逸生而成野草。

位置:园东区168栋附近草坪,英东球场附近

○ 黄花过长沙舅的花

○ 黄花过长沙舅的整体植株

母草属

旱田草

Lindernia ruellioides (Colsm.) Pennell

一年生草本。节上生根。叶片矩圆形、椭圆形、卵状矩圆形或圆形，边缘除基部外密生整齐而急尖的细锯齿，两面有粗糙的短毛或近于无毛。花为顶生总状花序；花冠紫红色，上唇直立2裂，下唇开展3裂。蒴果圆柱形，向顶端渐尖。花期6—9月，果期7—11月。

分布于台湾、福建、江西、广东、广西、西藏等省区。

位置：草坪中常见，如廖承志像前的草坪

○ 旱田草的花

○ 旱田草的生境

母草

Lindernia crustacea (L.) F. Muell.

草本。根须状，常铺散成密丛。多分枝，枝弯曲上升，微方形，有深沟纹，无毛。叶片三角状卵形或宽卵形，顶端钝或短尖，边缘有浅钝锯齿，上面近于无毛，下面沿叶脉有稀疏柔毛或近于无毛。花单生于叶腋或在茎枝之顶成极短的总状花序；花冠紫色，上唇直立，卵形，钝头，有时2浅裂，下唇3裂，中间裂片较大，稍长于上唇。蒴果椭圆形，浅黄褐色，有明显的蜂窝状瘤突。花、果期全年。

位置：常见于各草坪

○ 母草的花

泥花草

Lindernia antipoda (L.) Alston

一年生草本。根须状成丛。茎幼时亚直立，长大后多分枝，枝基部匍匐，下部节上生根，弯曲上升。叶片矩圆形、矩圆状披针形、矩圆状倒披针形或几为条状披针形，顶端急尖或圆钝，基部下延，有宽短叶柄而近于抱茎，边缘有少数不明显的锯齿至明显的锐锯齿或近于全缘，两面无毛。花多在茎枝之顶成总状着生；花冠紫色、紫白色或白色，上唇2裂，下唇3裂，上、下唇近等长。蒴果圆柱形，顶端渐尖。花、果期春季至秋季。

位置：零星分布于草坪

○ 泥花草的花

○ 泥花草的整体植株

圆叶母草

Lindernia rotundifolia (L.) Alston

一年生矮小草本。茎直立,不分枝或有时多枝丛密。叶宽卵形或近圆形,先端圆钝,基部宽楔形或近心形,边缘有齿。花少数,在茎顶端和叶腋成亚伞形,二型;花萼常结合至中部;花冠具蓝色或紫色斑点,上唇直立,下唇开展,3裂。蒴果长椭圆形,顶端渐尖。花期7—9月,果期8—11月。

位置: 常见于各草坪

○ 圆叶母草的侧面

○ 圆叶母草的正面

长蒴母草

Lindernia anagallis (Burm. f.) Pennell

一年生草本。根须状；节上生根，并有根状茎，有条纹，无毛。叶仅下部有短柄；叶片三角状卵形、卵形或矩圆形，顶端圆钝或急尖，边缘有不明显的浅圆齿，上下两面均无毛。花单生于叶腋；花冠白色或淡紫色，上唇直立，卵形，2浅裂，下唇开展，3裂，裂片近相等，比上唇稍长。蒴果条状披针形。花期4—9月，果期6—11月。

分布于四川、云南、贵州、广西、广东、湖南、江西等省区。

位置： 春晖园附近草坪

○ 长蒴母草的花

○ 长蒴母草的侧面

通泉草属

通泉草
Mazus japonicus (Thunb.) O. Kuntze

一年生草本，无毛或疏生短柔毛，体形变化大。茎1～5支或有时更多，直立、上升或倾卧状上升。基生叶呈莲座状或早落，顶端全缘或有不明显的疏齿，基部下延成带翅的叶柄；茎生叶对生或互生，少数，与基生叶相似。总状花序生于茎、枝顶端，花稀疏；花冠白色、紫色或蓝色，上唇裂片卵状三角形，下唇中裂片较小，稍突出。蒴果球形。花期4—10月。

遍布全国。

位置：广布于校园

○ 通泉草的花

胡麻草属

矮胡麻草

Centranthera tranquebarica (Spreng.) Merr.

○ 矮胡麻草的花

柔弱草本,下部被硬毛,向上毛渐减少。茎直立或倾卧,自下部分枝。枝细弱,多匍匐而后上升,稠密成丛。叶对生,下部的稀互生,无柄,线状披针形,先端渐尖,无毛或下面中脉及多少背卷的边缘上被短毛,两面有粗糙鳞片状凸起,全缘。苞片与叶同形,超过花冠;花冠黄色,具褐色条纹,上唇喉部密被黑色细点,裂片近圆形,下唇裂片多少长圆形。蒴果近圆形,与宿萼等长。花、果期7—10月。

位置: 英东体育场内的草坪中

○ 矮胡麻草的生境

○ 矮胡麻草的枝叶及花萼

紫葳科
菜豆树属

海南菜豆树
Radermachera hainanensis Merr.

○ 掉落的海南菜豆树的花

乔木。叶为一至二回羽状复叶，有时仅有小叶5片；小叶纸质，长圆状卵形或卵形，顶端渐尖，基部阔楔形，两面无毛。花序腋生或侧生，少花，为总状花序或少分枝的圆锥花序；花冠淡黄色，钟状，内面被柔毛。蒴果长达40厘米。花期4月。

海南菜豆树树干结构细致均匀，可作为建筑、家具等的材料；根、叶、花、果均可入药。

产于广东（阳江）、海南、云南（景洪）。

位置：曾宪梓堂南院与北院之间

○ 曾宪梓堂附近的海南菜豆树

○ 干了的海南菜豆树蒴果

火烧花属

火烧花

Mayodendron igneum (Kurz) Kurz

常绿乔木。树皮光滑。大型奇数二回羽状复叶，小叶卵形至卵状披针形，顶端长渐尖，全缘，两面无毛。花序有花5～13朵，组成短总状花序，着生于老茎或侧枝上，花萼佛焰苞状，外面密被微柔毛；花冠橙黄色至金黄色，筒状，檐部裂片5，反折。蒴果长线形，下垂，薄革质。花期2—5月，果期5—9月。

产于台湾、广东、广西、云南南部。

位置：园东区篮球场西北侧路旁

○ 火烧花的枝叶

○ 火烧花的花及枝干

○ 火烧花的整体植株

火焰树属

火焰树

Spathodea campanulata Beauv.

乔木。树皮平滑，灰褐色。奇数羽状复叶，对生，叶片椭圆形至倒卵形，顶部渐尖，全缘。伞房状总状花序，顶生，密集，花萼佛焰苞状，外被短柔毛，顶端外弯并开裂；花冠橘红色，具紫红色斑点，内面有凸起条纹，花药"个"字形着生。蒴果黑褐色。花期4—5月。

原产于非洲。我国广东、福建、台湾、云南（西双版纳）均有栽培。

位置： 松园湖南侧往陈序经故居方向路旁

○ 火焰树的枝叶

○ 火焰树的花序

猫尾木属

猫尾木

Dolichandrone cauda-felina (Hance) Benth. et Hook. f.

乔木。叶近于对生，奇数羽状复叶，幼时叶轴及小叶两面密被平伏细柔毛，老时近无毛；小叶6～7对，无柄，长椭圆形或卵形，全缘纸质，两面均无毛或幼时沿背面脉上被毛。花大，组成顶生、具数花的总状花序；花冠黄色，下部紫色，漏斗形，花冠裂片椭圆形，开展。蒴果极长，达30～60厘米，密被褐黄色绒毛。花期10—11月，果期4—6月。

产于广东（茂名）、海南、广西（那坡、临桂、宁明）、云南（河口、金平、墨江、勐腊）。

位置：生物楼前，研究生院前

〇 研究生院前的猫尾木

〇 猫尾木的枝叶

猫爪藤属

猫爪藤

Dolichandra unguis-cati (L.) L. G. Lohmann

攀缘藤本，常绿。茎纤细，平滑，卷须与叶对生。叶对生，小叶2片，稀1片，长圆形。花单生或组成圆锥花序，被疏柔毛；花冠钟状至漏斗状，黄色。蒴果长线形，扁平。花期4月，果期6月。

原产于西印度群岛及墨西哥、巴西、阿根廷。我国广东、福建有栽培。

○ 猫爪藤的枝叶和"爪"

位置： 材料科学研究所附近（攀缘于乔木枝干上）

○ 猫爪藤的生境

爵床科

驳骨草属

小驳骨

Gendarussa vulgaris Nees

多年生草本或亚灌木，直立，无毛。枝多数，对生，嫩枝常深紫色。叶纸质，狭披针形至披针状线形，顶端渐尖，全缘。穗状花序顶生，下部间断，上部密生花；花冠白色或粉红色，上唇长圆状卵形，下唇浅3裂。花期春季。

据《广州植物志》载，小驳骨味辛，性温，治风邪，理跌打，调酒服。

位置：顺客隆超市附近花坛，怀士堂前花坛等处

○ 小驳骨的白色花

○ 小驳骨的叶

○ 小驳骨的粉色花

黄脉爵床属

黄脉爵床
Sanchezia nobilis Leonard

灌木。叶矩圆形或倒卵形,顶端渐尖,基部下延,边缘有波状锯齿,叶片绿色,叶脉粗壮,橙黄色。顶生穗状花序;花冠管状,黄色,花丝与柱头均伸出管外,柱头高于花药。

原产于厄瓜多尔。我国广东、海南、香港、云南等省区有栽培。

位置: 园东区168栋附近,顺客隆超市南侧

○ 黄脉爵床的花

○ 黄脉爵床的叶

鳞花草属

鳞花草

Lepidagathis incurva Buch.-Ham. ex. D. Don

直立、多分枝草本。小枝四棱形。叶纸质，长圆形至披针形，上面光亮，两面均有稍粗的针状钟乳体。穗状花序顶生和近枝顶侧生；花冠白色，长约7毫米，上唇直立，不明显2裂，下唇裂片近圆形。花期早春。

据《海南植物志》载，鳞花草全株入药，治眼病、蛇咬伤、伤口感染、皮肤湿疹。

位置：广布于校园

○ 鳞花草的花序

○ 鳞花草的生境

马鞭草科

大青属

赪桐

Clerodendrum japonicum (Thunb.) Sweet

灌木。小枝四棱形,老枝近于无毛或被短柔毛。叶片圆心形,顶端尖或渐尖,基部心形,边缘有疏短尖齿,表面疏生伏毛。二歧聚伞花序组成顶生、大而开展的圆锥花序,花萼红色,开展,外疏被短柔毛;花冠红色,稀白色,顶端5裂,裂片开展,雄蕊长为花冠管的3倍。果实椭圆状球形,绿色或蓝黑色。花、果期5—11月。

位置: 中山楼对面路旁

○ 赪桐的花

○ 赪桐的整体植株

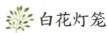
白花灯笼

***Clerodendrum fortunatum* L.**

也叫鬼灯笼。灌木。嫩枝密被黄褐色短柔毛，小枝暗棕褐色。叶纸质，长椭圆形或倒卵状披针形，少为卵状椭圆形，顶端渐尖，基部楔形或宽楔形，全缘或波状，表面被疏生短柔毛，背面密生细小黄色腺点，沿脉被短柔毛。聚伞花序腋生，花萼红紫色，具5棱，膨大形似灯笼，外面被短柔毛，基部连合，顶端5深裂，裂片宽卵形，渐尖；花冠淡红色或白色稍带紫色，顶端5裂，裂片长圆形，雄蕊4，与花柱同伸出花冠外。核果近球形，熟时深蓝绿色，藏于宿萼内。花、果期6—11月。

位置： 竹园

○ 白花灯笼的花序及叶

○ 白花灯笼的生境

○ 白花灯笼的果

龙吐珠

Clerodendrum thomsoniae Balf. f.

攀缘状灌木。幼枝四棱形,被黄褐色短绒毛,老时无毛;小枝髓部嫩时疏松,老后中空。叶片纸质,狭卵形或卵状长圆形,顶端渐尖,全缘,表面被小疣毛,背面近无毛。聚伞花序腋生或假顶生,二歧分枝,花萼白色,基部合生,中部膨大,有5棱脊,顶端5深裂,外被细毛,裂片三角状卵形,顶端渐尖;花冠深红色,外被细腺毛,裂片椭圆形,雄蕊4,与花柱同伸出花冠外。核果近球形,外果皮光亮,棕黑色;宿存萼不增大,红紫色。花期3—5月。

○ 龙吐珠的叶

位置:园东区120栋楼下花圃

○ 龙吐珠的生境

○ 龙吐珠的花序

假连翘属

假连翘

Duranta repens L.

灌木。枝条有皮刺,幼枝有柔毛。叶对生,少有轮生,纸质,卵状椭圆形或卵状披针形,全缘或中部以上有锯齿,有柔毛。总状花序顶生或腋生,常排成圆锥状;花冠通常蓝紫色,稍不整齐,5裂,内外有微毛。核果球形,无毛,有光泽,熟时红黄色,有增大的宿存花萼包围。花、果期5—10月,在南方可为全年。

原产于热带美洲。

位置: 校园内常见

○ 假连翘的花

○ 学一食堂前的假连翘

○ 假连翘的枝叶

马缨丹属

马缨丹

Lantana camara L.

直立或蔓性的灌木,有时藤状。茎枝均呈四方形,有短柔毛,通常有短而呈倒钩状的刺。单叶对生,揉烂后有强烈的气味,叶片卵形至卵状长圆形,顶端急尖或渐尖,边缘有钝齿,表面有粗糙的皱纹和短柔毛,背面有小刚毛。花冠黄色或橙黄色,开花后不久转为深红色。果圆球形,成熟时紫黑色。全年开花。

原产于美洲热带地区。我国台湾、福建、广东、广西有逸生。

位置: 校园内零星分布

○ 曾宪梓堂后面鱼塘旁的马缨丹

○ 马缨丹的花序

○ 马缨丹的枝叶

柚木属

柚木

Tectona grandis Linn. f.

大乔木。小枝淡灰色或淡褐色，四棱形，被灰黄色或灰褐色星状绒毛。叶对生，厚纸质，全缘，卵状椭圆形或倒卵形，顶端钝圆或渐尖，表面粗糙，有白色突起，背面密被灰褐色至黄褐色星状毛。圆锥花序顶生，花有香气，花冠白色。核果球形，外果皮茶褐色被毡状细毛。花期8月，果期10月。

木质坚硬，光泽美丽，耐朽力强，适于造船、家具等用。叶片摘下时缺口处的汁液干涸后变红色。

位置：春晖园到第一教学楼路旁

○ 柚木的枝叶

○ 柚木的整体植株

唇形科

鼠尾草属

荔枝草

Salvia plebeian R. Br.

一年生或二年生草本。茎直立,粗壮,多分枝,被向下的灰白色疏柔毛。叶椭圆状卵圆形或椭圆状披针形,先端钝或急尖,边缘具圆齿、牙齿或尖锯齿,草质。轮伞花序,6花,多数,在茎、枝顶端密集组成总状或总状圆锥花序,花萼钟形;花冠淡红色、淡紫色、紫色、蓝紫色至蓝色,稀白色,冠檐2唇形,上唇长圆形,先端微凹,外面密被微柔毛,两侧折合,下唇3裂。小坚果倒卵圆形,成熟时干燥,光滑。花期4—5月,果期6—7月。

位置: 校园内零星分布,如春晖园附近草坪中

○ 荔枝草的花序

○ 荔枝草的整体植株

单子叶植物

康乐芳草
Kangle Fangcao

鸭跖草科

水竹叶属

牛轭草

Murdannia loriformis (Hassk.) Rolla Rao et Kammathy

多年生草本。根须状。主茎不发育,有莲座状叶丛,多条可育茎从叶丛中发出。主茎上的叶密集,排列成莲座状、禾叶状或剑形,仅下部边缘有睫毛;可育茎上的叶较短,仅叶鞘上沿口部一侧有硬睫毛,仅个别植株在叶背面及叶鞘上到处密生细硬毛。蝎尾状聚伞花序单支顶生或有2~3支集成圆锥花序;花瓣紫红色或蓝色,倒卵圆形。蒴果卵圆状三棱形。花、果期5—10月。

○ 牛轭草的侧面

位置:乙丑进士牌坊前草坪

○ 牛轭草的花

鸭跖草属

竹节菜

Commelina diffusa Burm. f.

一年生披散草本。茎匍匐，节上生根，多分枝。叶披针形或在分枝下部的为长圆形，顶端通常渐尖，少急尖的，无毛或被刚毛。蝎尾状聚伞花序通常单生于分枝上部叶腋，有时呈假顶生，每个分枝一般仅有一个花序；花序自基部开始2叉分枝，一枝具长1.5～2.0厘米的花序梗，与总苞垂直，而与总苞的柄成一直线，其上有花1～4朵，远远伸出总苞片，但都不育；另一枝具短得多的梗，与前者成直角，而与总苞的方向一致，其上有花3～5朵，可育，藏于总苞片内；花瓣蓝色。蒴果矩圆状三棱形。花、果期5—11月。

○ 竹节菜的花

位置：竹园

○ 竹节菜的生境

○ 竹节菜的花（未开放）及佛焰

紫露草属

吊竹梅

Tradescantia zebrine Heynh.

多年生草木。茎稍柔弱，半肉质，分枝，披散或悬垂。叶互生，叶片椭圆形、椭圆状卵形至长圆形，先端急尖至渐尖或稍钝，基部鞘状抱茎，腹面紫绿色而杂以银白色，中部和边缘有紫色条纹，背面紫色，通常无毛，全缘。花聚生于一对不等大的顶生叶状苞内；花瓣裂片3，玫瑰紫色。果为蒴果。花期6—8月。

○ 吊竹梅的枝叶

位置：松园湖北侧，紫荆园旁等处

○ 紫荆园附近成片的吊竹梅

紫背万年青

Tradescantia spathacea Sw.

常绿多年生草本植物。叶披针形，正面绿色，缀有深浅不同的条斑，背面紫红色，亦有紫红色深浅不一的条斑。茎、叶稍多汁。小花白色，因花朵生于紫红色的两片蚌形的大苞片内，其形似蚌壳吐珠，所以又叫"蚌花"。花期8—10月。

位置：常见于各花圃

○ 紫背万年青的花及佛焰苞

○ 紫背万年青的植株

芭蕉科

芭蕉属

香蕉

Musa acuminata Colla

假茎粗壮，浓绿色而带黑斑。叶片长椭圆形，顶端钝圆，基部对称，下面被白粉，叶柄短粗，叶翼显著。穗状花序下垂，序轴被褐色绒毛，苞片外面紫红色，被白粉，内面深红色，有光泽；雄花苞片不脱落，每苞片有花2列，花乳白色或稍带浅紫色；合生花被片5裂，中央裂片两侧为小裂片，离生花被片近圆形，全缘，顶端急尖。最大果序有果360个之多。

产于我国福建、台湾、广东、广西、云南。

为优良的香蕉品种，世界热带区域广泛栽培。香蕉、芭蕉栽培种类繁多，有人认为均来源于 *M. acuminata* Colla 及 *M. balbisiana* Colla 两种。

位置：松园湖南侧路旁，广寒宫旁等处

○ 松园湖旁的香蕉

○ 香蕉的果序

旅人蕉科

旅人蕉属

旅人蕉

Ravenala madagascariensis Sonn.

树干像棕榈。叶 2 行排列于茎顶,像一把大折扇,叶片长圆形,似蕉叶。花序腋生,花序轴每边有佛焰苞 5~6 枚,佛焰苞内有花 5~12 朵,排成蝎尾状聚伞花序;萼片披针形,革质;花瓣与萼片相似。蒴果开裂为 3 瓣。

原产于非洲马达加斯加。我国广东、台湾有少量栽培。

位置:松园湖旁等处

○ 松园湖旁的旅人蕉

姜科

山姜属

艳山姜

Alpinia zerumbet (Pers.) Burtt. et Smith

植株高达3米。叶披针形,先端渐尖,有旋卷小尖头,基部渐窄,边缘具柔毛,两面无毛。圆锥花序下垂,花序轴紫红色,被柔毛,分枝极短,小花梗极短;小苞片椭圆形,白色,顶端粉红色,蕾时包花,无毛;花萼近钟形,白色,顶粉红色;花冠管较花萼短,裂片长圆形,后方一枚较大,乳白色,先端粉红色;侧生退化雄蕊钻状,唇瓣匙状宽卵形,先端皱波状,黄色有紫红色纹彩。蒴果卵圆形,疏被粗毛,具条纹,顶端有宿存花萼,熟时朱红色。花期4—6月,果期7—10月。

位置:竹园,园东湖附近等处

○ 图为花叶艳山姜的栽培种

○ 艳山姜的花序

竹芋科

紫背竹芋属

紫背竹芋

Stromanthe sanguinea Sond.

多年生草本。叶在基部簇生,具短柄,叶片长椭圆形至宽披针形,叶面深绿色,有光泽,叶背紫褐色。花两性,不对称,常成对生于苞片中,组成顶生的穗状花序,萼片3枚,分离;花冠管短或长,裂片3,外方的一枚通常大而多少呈风帽状;退化雄蕊2~4枚,外轮的1~2枚(有时无)花瓣状,较大,内轮的2枚中一为兜状,包围花柱;发育雄蕊1枚,花瓣状。果为蒴果或浆果状。

位置:图书馆东门附近等处

○ 紫背竹芋的花序

○ 紫背竹芋的植株

○ 紫背竹芋的叶背

肖竹芋属

孔雀竹芋

Calathea makoyana E. Morr.

株高20～60厘米。叶柄紫红色,从根状茎长出,叶片薄革质,卵状椭圆形,黄绿色,在叶的表面绿色上隐约呈现金属光泽,明亮艳丽,主脉两侧交互排列着羽状暗绿色长椭圆形的绒状斑纹,与斑纹相对的叫背面,为紫色,左右交互排列。叶片有"睡眠运动",即在夜间叶片从叶鞘部向上延至叶片,抱茎折叠,次日早上经阳光照射后重新展开。

原产于巴西。我国有引种栽培。

位置: 图书馆东门附近

○ 孔雀竹芋的叶背

○ 图书馆东门附近的孔雀竹芋

栉花芋属

紫背栉花竹芋

Ctenanthe oppenheimiana (E. Morren) K. Schum.

多年生草本，株高30～60厘米。地下有根茎，丛生。根出叶，叶长椭圆状披针形，全缘，叶面深绿色，具有淡绿色、白色至淡粉红色羽状斑纹，叶柄及叶背暗红色。

位置：图书馆东门北侧，园东宿舍区花坛等处

○ 紫背栉花竹芋的花序

○ 成片的紫背栉花竹芋

○ 紫背栉花竹芋的叶

百合科
吊兰属

吊兰
Chlorophytum comosum (Thunb.) Jacques

草本。具簇生的圆柱状肥大须根和短的根状茎。叶条形至条状披针形，顶端长渐尖，基部抱茎，较坚硬，有时具黄色纵条纹或边为黄色。总状花序单一或分枝，有时还在花序上部的节上簇生长条形叶丛；花白色，数朵一簇在花序轴上极疏离地散生；花被片6，外轮的倒披针形，内轮的长矩圆形。蒴果三圆棱状扁球形。花期5月，果期8月。

原产于非洲南部。我国各地有栽培。

位置： 图书馆北侧花圃

○ 吊兰的生境

○ 吊兰的花序及花

虎尾兰属

虎尾兰

Sansevieria trifasciata Prain

有横走根状茎。叶基生,常1～2片,直立,硬革质,扁平,长条状披针形,有白绿色和深绿色相间的横带斑纹,边缘绿色,向下部渐狭成长短不等、有槽的柄。花葶高30～80厘米,基部有褐色膜质鞘;花淡绿色或白色,每3～8朵簇生,排成总状花序。花期11—12月。

原产于非洲西部。我国各地有栽培,供观赏。

位置：图书馆后,园东区124栋南侧

○ 园东区124栋旁的虎尾兰

金边虎尾兰

Sansevieria trifasciata var. *laurentii* (De Wildem.) N. E. Brown

除叶有金黄色边缘外，其他形态特征与虎尾兰相似。

位置：园东区 125 栋旁花圃

○ 金边虎尾兰的植株

○ 园东区 125 栋旁新栽培的金边虎尾兰

山菅属

山菅兰

Dianella ensifolia (L.) DC.

植株可高达1～2米。根状茎圆柱状,横走。叶线状披针形,长30～80厘米,基部稍收窄成鞘状,套叠或抱茎,边缘和下面中脉具锯齿。顶端圆锥花序分枝疏散,花常多朵生于侧枝上端;花被片线状披针形,绿白色、淡黄色或青紫色,具5脉。浆果近球形,深蓝色。花、果期3—8月。

产于云南(漾濞、泸水以南)、四川(南川一带)、重庆、贵州东南部(榕江)、广西、广东南部、海南等地。

位置:园东区球场周围,梁銶琚堂附近,生物楼前等处

○ 松园湖旁的山菅兰和银边山菅兰(园艺栽培种)

○ 山菅兰的花

山麦冬属

山麦冬

Liriope spicata (Thunb.) Lour.

也叫"土麦冬"。植株有时丛生。根稍粗，近末端处常膨大成矩圆形、椭圆形或纺锤形的肉质小块根；根状茎短，木质，具地下走茎。叶先端急尖或钝，基部常包以褐色的叶鞘，上面深绿色，背面粉绿色，边缘具细锯齿。花葶通常长于或几等长于叶，少数稍短于叶，总状花序具多数花；花通常（2～）3～5朵簇生于苞片腋内，花被片矩圆形、矩圆状披针形，先端钝圆，淡紫色或淡蓝色。种子近球形。花期5—7月，果期8—10月。

○ 山麦冬的花序

位置： 广布于校园

○ 山麦冬的生境

○ 山麦冬的花/果枝及果

朱蕉属

朱蕉

Cordyline fruticosa (L.) A. Cheval.

灌木状，直立，有时稍分枝。叶聚生于茎或枝的上端，矩圆形至矩圆状披针形，长25～50厘米，绿色或带紫红色，叶柄有槽。圆锥花序长30～60厘米，侧枝基部有大苞片，每朵花有3枚苞片；花淡红色、青紫色至黄色，外轮花被片下半部紧贴内轮，上半部在盛开时外弯或反折。花期11月至翌年3月。

广东、广西、福建、台湾等省区有栽培。

位置：校医院附近，熊德龙活动中心北侧篮球场周围等处

○ 朱蕉的花序

○ 朱蕉的植株

天门冬科

天门冬属

非洲天门冬

Asparagus densiflorus (Kunth) Jessop

半灌木，多少攀缘，高可达1米。茎和分枝有纵棱。叶状枝每3（1～5）片成簇，扁平，条形，先端具锐尖头；茎上的鳞片状叶基部具硬刺，分枝上的无刺。总状花序单生或成对，通常具十几朵花；苞片近条形；花白色，花被片矩圆状卵形；雄蕊具很短的花药。浆果熟时红色，具1～2颗种子。

原产于非洲南部。我国各地公园都很常见。

位置： 园东宿舍区花坛，春晖园附近花坛，学一食堂前等处

○ 学一食堂前的非洲天门冬

○ 非洲天门冬的果序

天南星科

龟背竹属

龟背竹

Monstera deliciosa Liebm.

攀缘灌木。茎粗壮,绿色,叶痕半月形环状,具气生根。叶片心状卵形,厚革质,下面绿白色,边缘羽状分裂,侧脉间有1~2个空洞,侧脉8~10对;叶柄绿色,下面扁平,上面钝圆,边缘锐尖,基部对折抱茎,两侧叶鞘宽。花序梗绿色,粗糙;佛焰苞厚革质,宽卵形舟状,近直立,先端具喙,苍白色带黄色;肉穗花序近圆柱形,淡黄色;雄蕊花丝线形,花粉黄白色。浆果淡黄色。花期8—9月,果于翌年花期后成熟。

原产于墨西哥。各热带地区引种栽培供观赏。

位置: 校园内常见

○ 龟背竹的肉穗花序

○ 成片的龟背竹

○ 龟背竹的叶

海芋属

海芋

Alocasia odora (Roxb.) K. Koch

大型常绿草本植物。具匍匐根茎，有直立的地上茎，基部长出不定芽条。叶多数，叶柄绿色或污紫色，螺状排列；叶片亚革质，草绿色，箭状卵形，边缘波状，幼株叶片连合较多；前裂片三角状卵形，先端锐尖，后裂片多少圆形，弯缺锐尖，有时几达叶柄。花序柄圆柱形，通常绿色，有时污紫色；佛焰苞管部绿色，卵形或短椭圆形；肉穗花序芳香，雌花序白色，不育雄花序绿白色，能育雄花序淡黄色，附属器淡绿色至乳黄色，圆锥状。浆果红色，卵状。花期四季，但在密阴的林下常不开花。

位置： 校园内常见

○ 海芋的果序

○ 海芋的生境

○ 海芋的肉穗花序及佛焰苞

合果芋属

合果芋

Syngonium podophyllum Schott

多年生蔓性常绿草本植物。茎节具气生根,攀附他物生长。叶片呈两型性,幼叶为单叶,箭形或戟形,老叶呈5～9裂的掌状叶;中间一片叶大型,叶基裂片两侧常着生小型耳状叶片;初生叶色淡,老叶呈深绿色,且叶质加厚。佛焰苞浅绿色或黄色。

原产于中美、南美热带雨林中。我国广泛栽培。

位置: 校园内常见

○ 合果芋的叶

○ 新栽培的合果芋

麒麟叶属

绿萝

Epipremnum aureum (Linden et André) Bunting

高大藤本。茎攀缘，节间具纵槽；多分枝，枝悬垂。叶柄两侧具鞘，达顶部；鞘革质，宿存。叶纸质，宽卵形，短渐尖，基部心形。成熟枝上叶柄粗壮，基部稍扩大，腹面具宽槽；叶鞘长，叶片薄革质，翠绿色，通常（特别是叶面）有多数不规则的纯黄色斑块，全缘，不等侧的卵形或卵状长圆形，基部深心形。

原产于所罗门群岛。现广植于亚洲热带地区。

位置：春晖园附近等处

○ 附生的绿萝

麒麟叶

Epipremnum pinnatum Linn. Engl.

木质藤本。叶薄革质,幼叶披针状矩圆而全缘,老叶轮廓为宽矩圆形,羽裂或羽状深裂达中脉,裂片宽条形;沿中脉有两行星散的小穿孔。佛焰苞外绿色内黄色,肉穗花序;花两性,无花被。果紧密靠合,种子肾形。生于林中,攀缘附生于大树或岩壁上。花期4—5月。

产于广东、广西、云南、台湾的热带区域。

位置:园东区篮球场旁樟树上

○ 麒麟叶叶脉附近的小型穿孔

○ 樟树上的麒麟叶

喜林芋属

羽叶喜林芋

Philodendron bipinnatifidum Schott ex Endl.

又名"春羽"。多年生常绿草本，观叶植物。株高可及1米。茎粗壮，直立，茎上有明显叶痕及电线状的气根。茎极短，叶从茎的顶部向四面伸展，排列紧密、整齐，呈丛生状；叶身鲜浓有光泽，呈卵状心脏形，全叶羽状深裂，革质。

位置：竹园，图书馆东侧树林

○ 羽叶喜林芋的佛焰苞

○ 竹园中的羽叶喜林芋

石蒜科

葱莲属

葱莲

Zephyranthes candida (Lindl.) Herb.

多年生草本。鳞茎卵形,具有明显的颈部。叶狭线形,肥厚,亮绿色,宽2～4毫米。花茎中空;花单生于花茎顶端,下有带褐红色的佛焰苞状总苞,总苞片顶端2裂;花白色,外面常带淡红色;几乎无花被管,花被片6,顶端钝或具短尖头,花柱细长,柱头不明显3裂。蒴果近球形,3瓣开裂。花期秋季。

位置: 生物楼前达尔文像周围花圃

○ 葱莲的花

○ 葱莲的生境

黄花葱兰

Zephyranthes citrina Baker

多年生常绿球根植物。地下鳞茎长卵形,外皮黑褐色。基生叶3～5片,叶片暗绿色,扁圆柱形,叶较稀疏,被白色皮粉。花单生,漏斗状,花被黄色,花瓣6枚,花被管绿色,花被片不反折;雄蕊分裂,花柱长于花被筒。蒴果近球形,3瓣开裂。花、果期7—9月。6月始雨后2～3天开花,尤以盛夏2周无雨后一场风雨来临前,黄花葱兰瞬间爆发盛开,故又名"黄风雨花"。

位置: 孙中山像附近的草坪

○ 黄花葱兰的花

○ 黄花葱兰的生境

○ 黄花葱兰的植株

韭莲

***Zephyranthes carinata* Herb.**

○ 韭莲的花

多年生草本。鳞茎卵球形。基生叶常数枚簇生,线形,扁平,宽6～8毫米。花单生于花茎顶端,下有佛焰苞状总苞,总苞片常带淡紫红色,下部合生成管;花玫瑰红色或粉红色,花被裂片6,裂片倒卵形,顶端略尖,花柱细长,柱头深3裂。蒴果近球形。种子黑色。花期夏秋。

原产于中、南美洲。我国各地有引种栽培。

位置: 乙丑进士牌坊前草坪

○ 韭莲的生境

水鬼蕉属

水鬼蕉

Hymenocallis littoralis (Jacq.) Salisb.

多年生草本。叶10～12片，深绿色，剑形，先端尖，基部收窄，无柄。花茎扁平，花序有3～8花，总苞片基部宽；花被筒纤细，长短不等，长可达10厘米或以上，花被裂片线形，常短于花被筒；雄蕊花丝基部合成的杯状体钟形或漏斗状，具齿；花柱与雄蕊近等长或较长。花期夏末秋初。

原产于美洲热带地区。我国引种栽培供观赏。

位置： 校园内常见

○ 水鬼蕉的花

○ 青马林旁的水鬼蕉

文殊兰属

文殊兰

Crinum asiaticum var. *sinicum* (Roxb. ex Herb.) Baker

多年生粗壮草本。鳞茎长圆柱形。叶深绿色，线状披针形，边缘波状，先端渐尖具尖头。花茎直立，与叶近等长，伞形花序，有10～24朵花；总苞片披针形，小苞片线形；花芳香，花被高脚碟状，花被筒绿白色，直伸，裂片白色，线形，先端渐尖；雄蕊淡红色。花期夏季。

分布于台湾、福建、广东、广西等省区。

位置： 图书馆东门附近，园东宿舍区花坛等处

○ 文殊兰的花

○ 文殊兰的整体植株

朱顶红属

朱顶红

Hippeastrum rutilum (Ker-Gawl.) Herb.

多年生草本。鳞茎近球形。叶6～8片，花后抽出，鲜绿色，带形。花茎中空稍扁，具白粉；花2～4朵，花梗纤细，花被裂片长圆形，顶端尖，洋红色，略带绿色，花丝红色。花期夏季。

原产于巴西。我国引种栽培。

位置：园东区124号楼下花圃

○ 朱顶红的花

○ 园东区124号楼下的朱顶红

鸢尾科

巴西鸢尾属

巴西鸢尾

Neomarica gracilis Sprague

株高40～50厘米。叶从基部根茎处抽出,呈扇形排列;叶革质,深绿色。花茎扁平似叶状,但中肋较明显突出,花从花茎顶端鞘状苞片内开出;花瓣6,3瓣为外翻的白色苞片,基部有红褐色斑块,另3瓣直立内卷,为蓝紫色并有白色线条。花通常上午开放,至下午3—4点就开始内卷枯萎。花期4—9月。

位置:常见于各绿化带

○ 巴西鸢尾的花

○ 园东湖旁的巴西鸢尾

鸢尾属

蝴蝶花

Iris japonica Thunb.

也叫"日本鸢尾"。多年生草本。根状茎细弱，横生，黄褐色，具多数较短节间。叶剑形，上面绿色有光泽，下面暗绿色，顶端渐尖。花葶高出叶，具条棱；花多数，排成顶生、长而稀疏的总状花序；花淡紫色或淡蓝色；外轮3花被裂片倒宽卵形至楔形，顶端稍凹缺，边缘微齿裂，下半部淡黄色，中部具鸡冠状突起，内轮3花被裂片狭倒卵形，顶端2裂，边缘稍有齿裂。蒴果倒卵状圆柱形或倒卵状楔形。

○ 蝴蝶花的花

位置： 逸夫楼内花坛

○ 蝴蝶花的整体植株

○ 蝴蝶花的花序

龙舌兰科

龙舌兰属

金边龙舌兰

Agave americana var. *variegata* Nichols

多年生常绿草本。茎短,稍呈木质。叶多丛生,呈剑形,大小不等,质厚,平滑,绿色,边缘有黄白色条带镶边,有红色或紫褐色刺状锯齿。花叶有多条横纹,花黄绿色,肉质,花药"丁"字形着生。蒴果长椭圆形,胞间开裂。花期夏季。

原产于美洲的沙漠地带。

位置:逸夫楼后面,春晖园附近花坛,马文辉堂附近

○ 马文辉堂附近的金边龙舌兰

棕榈科
槟榔属

三药槟榔
Areca triandra Roxb. ex Buch.-Ham.

茎丛生，绿色，具环状叶痕。叶羽状全裂，约17对羽片；羽片具2~6条肋脉，顶端的一对合生，下部和中部的披针形，镰刀状渐尖，上部及顶端的较短而稍钝，具齿裂。佛焰苞1，革质，扁，光滑，花后脱落；花单性，雌雄同株。果卵状纺锤形，具小乳突，熟时由黄色变为深红色。

原产于印度、越南、老挝、柬埔寨、泰国及马来西亚。我国福建、台湾、广东南部、香港、澳门及云南南部有栽培。

位置： 伍沾德堂西南侧，中文堂后

○ 三药槟榔的整体植株

○ 三药槟榔的果序

刺葵属

江边刺葵

Phoenix roebelenii O. Brien

茎丛生，栽培时常为单生，具宿存的三角状叶柄基部。叶羽片线形，较柔软，两面深绿色，背面沿叶脉被灰白色的糠秕状鳞秕，下部羽片变成细长软刺。佛焰苞仅上部裂成2瓣；雄花序与佛焰苞近等长，雌花序短于佛焰苞；分枝花序长而纤细。果实长圆形，顶端具短尖头，成熟时枣红色，果肉薄而有枣味。花期4—5月，果期6—9月。

产于云南。常见于江岸边海拔480～900米处。广东、广西等省区有引种栽培。

位置：黑石屋旁，图书馆附近，北门附近等处

○ 江边刺葵的枝干

○ 北门附近的江边刺葵

蒲葵属

蒲葵

Livistona chinensis (Jacq.) R. Br.

乔木状，基部常膨大。叶阔肾状扇形，掌状深裂至中部，裂片线状披针形，顶部长渐尖，2深裂成丝状下垂的小裂片，两面绿色；叶柄下部两侧有黄绿色（新鲜时）或淡褐色（干后）下弯的短刺。花序呈圆锥状，粗壮，总梗上有6～7个佛焰苞，约6个分枝花序，花萼裂至近基部成3个宽三角形近急尖的裂片，裂片有宽的干膜质的边缘；花冠约2倍长于花萼，裂至中部成3个半卵形急尖的裂片。果实椭圆形（如橄榄状），黑褐色。花、果期4月。

位置： 英东体育馆单杠旁，松园湖附近

○ 蒲葵的整体植株

○ 蒲葵的叶柄

散尾葵属

散尾葵

Chrysalidocarpus lutescens H. Wendl.

丛生灌木至小乔木。茎基部略膨大。叶羽状全裂，扩展而稍弯；裂片40～60对，2列排列，较坚硬，通常不下垂，披针形，顶端长尾状渐尖并呈不等长的短2裂；叶轴光滑而呈黄绿色，近基部有凹槽。肉穗花序生于叶鞘束下，多分枝，排成圆锥花序式；花雌雄同株，小而呈金黄色。果稍呈陀螺形，紫黑色，无内果皮。

原产于马达加斯加。我国广东、广西有栽培。多植于庭园和花圃中。

位置： 熊德龙活动中心里，英东体育馆附近等处

○ 散尾葵叶的裂片

○ 熊德龙活动中心里的散尾葵

王棕属

王棕

Roystonea regia (Kunth.) O. F. Cook

也叫"大王椰子"。乔木状。茎直立，幼时基部膨大，老时近中部不规则地膨大，向上部渐狭。叶羽状全裂，弓形并常下垂，叶轴每侧的羽片多达250片，羽片呈4列排列，线状披针形，渐尖，顶端浅2裂。花序多分枝，佛焰苞在开花前像一根垒球棒；花小，雌雄同株。果实近球形至倒卵形，暗红色至淡紫色。花期3—4月，果期10月。

位置：校园内常见，如英东体育场周围和怀士堂后

○ 王棕的花序

○ 怀士堂后的王棕

鱼尾葵属

鱼尾葵
Caryota maxima Blume ex Mart.

乔木状,高 10～15(～20)米。叶长 3～4 米,幼叶近革质,老叶厚革质;羽片互生,罕见顶部近对生。具多数穗状的分枝花序;雄花花瓣椭圆形,黄色,具雄蕊 50～111 枚;雌花具退化雄蕊 3 枚,柱头 2 裂。果实球形,成熟时红色。花期 5—7 月,果期 8—11 月。

产于福建、广东、海南、广西、云南等省区。

位置: 外国语学院北侧

○ 鱼尾葵的果序(未成熟)

○ 鱼尾葵的整体植株

短穗鱼尾葵
Caryota mitis Lour.

丛生，小乔木状。茎绿色，表面被微白色的毡状绒毛。叶下部羽片小于上部羽片；羽片呈楔形或斜楔形，外缘笔直，内缘1/2以上弧曲成不规则的齿缺，且延伸成尾尖或短尖，淡绿色；幼叶较薄，老叶近革质。佛焰苞与花序被糠秕状鳞秕，花序短，具密集穗状的分枝花序；雄花萼片宽倒卵形，花瓣狭长圆形，淡绿色；雌花萼片宽倒卵形，长约为花瓣的1/3，顶端钝圆，花瓣卵状三角形。果球形，成熟时紫红色。花期4—6月，果期8—11月。

位置： 排球场旁等处

○ 短穗鱼尾葵的果序

○ 排球场旁的短穗鱼尾葵

棕竹属

棕竹

Rhapis excelsa (Thunb.) Henry ex Rehd.

丛生灌木。茎圆柱形，有节，上部被叶鞘。叶掌状深裂，裂片4～10片，不均等，具2～5条肋脉，在基部（即叶柄顶端）1～4厘米处连合，宽线形或线状椭圆形，先端宽，截状而具多对稍深裂的小裂片，边缘及肋脉上具稍锐利的锯齿。总花序梗及分枝花序基部各有1枚佛焰苞包着，密被褐色弯卷绒毛；2～3个分枝花序，其上有1～2次分枝小花穗，花枝近无毛，花螺旋状着生于小花枝上。果实球状倒卵形。花期6—7月。

位置：英东体育馆附近，南门附近

○ 南门附近的棕竹

仙茅科

仙茅属

大叶仙茅

Curculigo capitulata (Lour.) O. Ktze.

多年生草本。根状茎粗厚、块状，走茎细长。叶常4～7片，纸质，长圆状披针形或近长圆形，先端长渐尖，全缘，具折扇状脉，有时被短毛。花茎被褐色绒毛；总状花序密生多花，呈头状或近卵圆形，俯垂；花黄色；花被裂片卵状长圆形，外轮3枚背面被毛，内轮3枚背面中脉被毛。浆果近球形，白色，无喙。花期5—6月，果期8—9月。

位置： 校园内常见，如熊德龙活动中心后面，南门附近

○ 大叶仙茅的果序

○ 南门附近的大叶仙茅

○ 大叶仙茅的花序及果序，可见花茎较长

短葶仙茅

Curculigo breviscapa S. C. Chen

根状茎缩短而稍粗厚。叶通常5～6片，披针形，向两端渐狭，顶端长渐尖，纸质，具折扇状脉，上面绿色，无毛，下面色较浅并在脉上疏被糙伏毛；叶柄基部稍扩大并具黑色膜质边缘，通常被绒毛，但上部毛较疏或变为无毛，老的叶柄常变为宿存的褐色纤维。头状花序点垂，近球形；花黄色，具长8～10毫米的花梗；花被裂片近长圆形或卵状长圆形，外轮的背面被毛，内轮的仅背面中脉上被毛。浆果卵状椭圆形，被短柔毛。

产于广西西南部（龙州、扶绥）和广东（中山大学南校区内有栽培）。易与仙茅相混。

位置：校园内常见

○ 短葶仙茅的花

○ 短葶仙茅的叶

兰科

兰属

纹瓣兰

Cymbidium aloifolium (L.) Sw.

附生植物。叶带形,厚革质,坚挺,略外弯。花葶从假鳞茎基部穿鞘而出,下垂;花稍有香气;萼片与花瓣淡黄色至奶油黄色,中央有一条栗褐色宽带和若干条纹,唇瓣白色或奶油黄色而密生栗褐色纵纹。蒴果椭圆状长圆形。花期3—5月,偶见10月。

产于广东、广西、贵州和云南东南部至南部。

位置:园东区球场旁

○ 纹瓣兰的花

○ 纹瓣兰的植株

绶草属

香港绶草

Spiranthes hongkongensis S. Y. Hu et Barretto

多年生宿根性草本。茎短，淡绿色，直立，2～5片叶生于近基部。叶条形或线状倒披针形，偶为狭长圆形，肉质无柄，先端急尖或渐尖；基生叶先端宽，茎生叶先端窄，中脉微凹，在基部收缩成鞘并微抱茎，茎上部叶退化为鞘状苞片，先端长尖。顶生的总状或穗状花序，花多为白色，花序轴和花冠均被腺状柔毛，3朵花组成一圈，松散地形成螺旋；花冠钟形，花瓣长圆形或倒披针形。

位置：春晖园西南侧草坪，园东区球场旁

○ 香港绶草的花序

○ 香港绶草的整体植株

线柱兰属

线柱兰

Zeuxine strateumatica (L.) Schltr.

根状茎短；茎淡棕色，具多叶。叶淡褐色，无柄，具鞘抱茎，叶线形或线状披针形。总状花序几无花序梗，密生几朵至20余朵花；苞片卵状披针形，红褐色，长于花；花白色或黄白色；中萼片窄卵状长圆形，凹入，侧萼片斜长圆形；花瓣歪斜，半卵形或近镰状，与中萼片等长，并与中萼片粘连成兜状；唇瓣淡黄色或黄色，肉质或较薄，舟状，基部囊状。蒴果椭圆形，淡褐色。花期春夏。

产于福建、台湾、湖北、广东、香港、海南、广西、四川、云南。

位置：曾宪梓堂南院附近，梁銶琚堂前，园东区球场旁，园东区168栋附近草坪

○ 线柱兰的花序

○ 线柱兰的植株

禾本科

簕竹属

粉单竹

Bambusa chungii McClure

秆高达18米，梢端稍弯，节间长30～45(～100)厘米，幼时有显著白粉；秆环平。分枝高，每节具多数分枝，主枝较细，比侧枝稍粗。小枝具6～7叶；叶质较厚，披针形或线状披针形，长10～20厘米，下面初被微毛，后无毛。笋期6—9月，7月最盛。

华南特产，分布于湖南南部、福建(厦门)、广东、广西。

位置：贺丹青堂前，图书馆东门北侧，竹园

○ 图书馆附近的粉单竹

大佛肚竹

Bambusa vulgaris Schrader ex cv. 'Wamin'

本种为龙头竹的栽培种。因节间膨大如和尚肚皮，故得此名。秆绿色，下部节间极为短缩，并在各节间的基部肿胀。

华南地区及浙江、台湾等省区的庭院中有栽培。

位置：黑石屋附近，英东体育场旁

○ 大佛肚竹的秆

○ 英东体育场旁的大佛肚竹

黄金间碧竹

Bambusa vulgaris Schrad.

秆黄色，节间正常，但具宽窄不等的绿色纵条纹，箨鞘在新鲜时为绿色而具宽窄不等的黄色纵条纹。

本种为栽培种，广西、海南、云南、广东和台湾等省区的庭院中有栽培。

位置：排球场北侧，逸夫楼北侧路旁

○ 黄金间碧竹的秆

○ 排球场附近的黄金间碧竹

求米草属

竹叶草

Oplismenus compositus (L.) Beauv.

秆较纤细,基部平卧于地面,节着地生根。叶鞘短于或上部者长于节间,近无毛或疏生毛;叶片披针形至卵状披针形,基部多少包茎而不对称,近无毛或边缘疏生纤毛。圆锥花序长5～15厘米,主轴无毛或疏生毛;分枝互生而疏离;小穗孪生(有时其中一个小穗退化),稀上部单生者;颖草质,长为小穗的1/2～2/3,边缘常被纤毛。花、果期9—11月。

○ 竹叶草的小穗

位置:竹园,园东湖西侧路旁

○ 竹叶草的生境

○ 竹叶草的叶

地毯草属

地毯草

Axonopus compressus (Sw.) Beauv.

○ 地毯草的花序特写

多年生草本。具长匍匐枝。秆压扁,节密生灰白色柔毛。叶鞘松弛,基部者互相跨覆,压扁,呈脊状,边缘质较薄,近鞘口处常疏生毛;叶片扁平,质地柔薄,两面无毛或上面被柔毛,近基部边缘疏生纤毛。总状花序2~5枚,最长两枚成对而生,呈指状排列在主轴上;小穗长圆状披针形,疏生柔毛,单生;第一颖缺。

原产于热带美洲。我国台湾、广东、广西、云南有见。生于荒野、路旁较潮湿处。

位置: 广布于校园

○ 地毯草的生境

参考资料

[1] 中国植物志网站：http://frps.eflora.cn/
[2] PPBC 中国植物图像库网站：http://www.plantphoto.cn/
[3] The Plant List 网站：http://www.theplantlist.org/
[4] 中国自然标本馆网站：http://www.cfh.ac.cn/

后记（第1版）

《康乐芳草——中山大学校园植物图谱》即将成书，于幕后的编写团队而言，心情真是无比兴奋又无比忐忑。

编写一本中山大学校园植物志的想法最初只是萌生于一次学生活动。2012年12月，中山大学生命科学大学院（以下简称"生科院"）团委承办的第一届生命科学营科普传播与创作系列活动启动，由7名大一新生组成的第三分营"以树之名"团队以"为中大南校区悬挂树种介绍牌"为目标开始了他们的活动。经过近3个月的筹备、2个月的树种信息统计、2个月的树牌制作与悬挂，中山大学南校区100余株树木终于悬挂上崭新树牌。学校党委副书记、副校长朱孔军对同学们的行动点赞，说这是"好事情，大功德"。后由于团委迎新工作需要，他们又将原有信息编辑整理，新增配图，制成了"中山大学南校区简易植物志"。这便是《康乐芳草——中山大学校园植物图谱》的雏形。拿着那本虽不厚重但又不失精致的小册子，他们又萌生了一个大胆的想法，何不为中大师生及到访宾客编写一本范围更加全面、内容更加详细、更具实用性和普及性的校园植物志呢？这个想法得到生科院领导和老师的支持与指导，并获得校学生处、团委等部门的经费支持。在多方资源的帮助下，生科院团委对包括南校区和珠海校区植物的《康乐芳草——中山大学校园植物图谱》的编写由此拉开序幕。

作为一支学生军，我们的工作自然少不了来自生科院专业老师的支持和帮助，在这里要感谢廖文波教授和凡强老师为我们核对树种信息、解答专业问题，并推荐了多名擅长植物分类的学长带领我们认种并采集树种信息。此外，由于编写工作繁重，在团委原有20人工作组的基础上，我们又面向院内招募了一支近50人的志愿者团队，负责信息采集与整理、树牌悬挂和植物摄影三个部分。历时一年，往返南校—珠海累计超2000千米，从信息采集到整理编辑，从照片拍摄到配图遴选，个中滋味，尽在书中，不再赘述。

《康乐芳草——中山大学校园植物图谱》收录中山大学校园植物227种，主要是中山大学南校区以及珠海校区有代表性的一部分植物。正文部分资料来源主要是中国植物志网站（http://frps.eflora.cn/），绝大多数照片为团队成员拍摄，极少数植物由于拍摄时间与花期、果期错过而借用中国植物图像库等网络资源。

书稿最终于2014年7月完成，付梓之前，学院领导和老师给出了许多宝贵的修改意见。我们必须反复强调的一点是：本书主创人员主要来自生命科学大学院2012级和2013级的本科生，专业知识实在有限，编写过程中未能做到尽善尽美，多少有些惶恐。恳请读者给予足够的宽容，也希望各位能不吝赐教，指出我们的不足之处。相信植物志会逐渐完善，就像我们编写团队在编写本书过程中也在逐渐成长。

在本书出版过程中，中山大学学生处处长漆小萍，中山大学生命科学大学院党委书记武少新、院长松阳洲、党委副书记黄勇平、团委林炜双老师给予了指导和帮助，在此予以鸣谢。

植物学教授廖文波老师拨冗校对，修改意见已经一一采纳。本书的出版也得到了中山大学出版社的大力支持。

正值中山大学喜迎90周年校庆，谨以此书献给亲爱的母校。

附：参与《康乐芳草——中山大学校园植物图谱》编写工作的全体人员名单：

项目负责人：齐璨、周杰、何迪

植物信息整理：齐璨、谷宁馨、梁鹤彬、赵晗、张楠、邢嘉倩、李燕娟、孙艺璇、姜景鹤、闫志花、王铃艳

植物摄影：周杰、林沁汝、易京、刘宇、赵万义、梁斌、王铃艳、洪素珍、王释莹

专业指导老师：廖文波、凡强

照片指导及资料鉴定：刘宇、赵万义

文字编辑：郭奥登、洪素珍、郎艳华、林一鑫、王铃艳、闫志花、王释莹

书名题写：束文圣

特别鸣谢：刘宇、黄润铖、赵万义、黄恺驰、吕植桐

编者

2014年7月